高等教育"十二五"规划教材

高职高专环保类专业教材系列

环境统计应用

谢露静　主编
李倦生　主审

科学出版社

北　京

内 容 简 介

环境统计是环境保护的基础工作和重要组成部分，涉及面广，具有较强的专业性和实用性。本书按照环境统计工作的基本过程介绍环境统计的有关内容，阐述环境统计的基本概念和统计研究设计、收集资料、整理资料、分析资料之间的内在联系。重点介绍了污染物排放统计，环境统计指标体系，环境数据的来源、类型、整理，基本指标及参数的计算和检验技术，并在数据的统计、分析与检验中尝试将传统方法与计算机技术有机结合。

本书内容全面、针对性强，可作为高职高专院校环境类专业的教材，也可作为环境保护管理与技术工作者的参考工具书。

图书在版编目(CIP)数据

环境统计应用/谢露静主编. —北京：科学出版社，2011
（高等教育"十二五"规划教材·高职高专环保类专业教材系列）
ISBN 978-7-03-030833-7

Ⅰ.①环… Ⅱ.①谢… Ⅲ.①环境统计-高等职业教育-教材 Ⅳ.①X11

中国版本图书馆 CIP 数据核字(2011)第 070548 号

责任编辑：张　斌/责任校对：耿　耘
责任印制：吕春珉/封面设计：东方人华平面设计工作室

*科学出版社*出版
北京东黄城根北街 16 号
邮政编码：100717
http://www.sciencep.com

北京虎彩文化传播有限公司 印刷
科学出版社发行　各地新华书店经销

*

2011 年 7 月第　一　版　　开本：787×1092　1/16
2020 年 8 月第五次印刷　　印张：12
字数：290 000

定价：30.00 元
（如有印装质量问题，我社负责调换〈虎彩〉）
销售部电话 010-62134988　编辑部电话 010-62135235（VZ04）

序

环境保护是我国的一项基本国策,而环境保护教育又是环保工作的重要基础。因此必须加强环境学科相关知识在实践中的应用,提高我国环保类专业学生的环境科研、监管能力,注重学生实践操作能力的培养,努力提高环保专业课程体系的整体性、系统性、实用性。

环境管理作为人类自身行为管理的一种活动,是在20世纪60年代末开始随着全球环境问题的日益严重而逐步形成、发展的,它揭示了人类社会活动与人类生存环境的对立统一关系。在人类社会中,环境—社会—经济组成了一个复杂的系统,作为这个系统核心的人类为了生存发展,需要不断地开发利用各种自然资源和环境资源,而无序无节制的开发利用,导致地球资源急剧消耗,环境失调,从而影响人类的生存和发展。为遏制这种趋势及其蔓延,人类开始研究并采取措施推动资源的合理开发利用,推进环境保护及其自我修复能力的提高,努力实现人类的可持续发展。环境—社会—经济系统能否实现良性循环,关键在于人类约束以及影响这一系统的方法和手段是否有效,这种方法和手段就是环境管理。

环境管理随着人类环保实践活动的推进而不断演变。相当长的时期内,人们直接感受到的环境问题主要是局部地区的环境污染。人类沿袭工业文明的思维定式,把环境问题作为一个单纯的技术问题,其环境管理实质上只是污染治理,主要的管理原则是"污染者治理"和末端治理模式。随着末端治理走到环境污染治理的尽头,加之生态破坏、资源枯竭等其他环境问题的进一步凸现,人们开始从经济学的角度去探寻环境问题的根源与对策,通过"环境经济一体化"使"环境成本内部化",将环境管理原则变为"污染者负担,利用者补偿",从而推进了源头削减、预防为主和全过程控制的管理模式的形成。人们在科学发展、保护环境的长期追求与探索中,逐步认识到环境问题是人类社会在传统自然观和发展观支配下导致的必然结果,其管理和技术手段都是"治标不治本"的,只有在改变传统的发展观基础上产生的财富观、消费观、价值观和道德观,才能从根本上解决环境问题。因而环境管理不是单纯的技术问题,也不是单纯的经济问题和社会问题,而是人与自然和谐、经济发展与环境保护相协调的全方位综合管理。

加强课题研究,通过课程设计和构建,着力解决高等职业教育环保类专业人才培养和社会需求，以就业为导向，坚持改革创新，努力提高学生的职业能力，使学生将课堂与工作现场直接对接，进一步理解目前的学习如何为将来的职业服务，从而提高学生学习的积极性、针对性，提高教学质量，这是我国环保职业教育必须坚持的方向。

非常高兴的是，2009 年 4 月，由长沙环境保护职业技术学院牵头，集合全国与环境保护相关的本科及职业院校、企业、科研机构等近百家单位共同组建的环境保护职业教育集团正式成立，这是我国目前环保职教领域阵容最大的产学研联合体。该集团的成立，在打造环保职业教育品牌和提升环保职业教育综合实力上，将产生深远影响。

本套教材的作者都是长期从事环保高职教育的一线教师，具有丰富的教学经验，在相关领域又有比较丰富的环保实践经验，在承担相关环保科研与技术服务中，将潜心研究的科研成果与最新技术、方法、政策、标准等体现于职业教育的教材之中，使本套教材具有鲜明的职业性、实践性，对环保职业教育具有较好的指导与示范作用。

衷心希望这套教材的出版发行，能为我国环保教育事业的发展发挥积极的推动作用。

祝光耀

2010 年 3 月 10 日

祝光耀：中国环境与发展国际合作委员会秘书长，原国家环保总局副局长。

前　言

由于人类面临的环境问题日益严重，诸如全球气候变暖、臭氧层破坏、酸雨、生物多样性锐减、资源与能源短缺、环境污染等，这些影响人类生存和发展的环境问题亟待解决，"环境科学"也就应运而生。环境科学是研究人类活动与环境关系的新兴的学科群，涉及天文、地理、生物、物理、化学、气象、资源等学科。随着人们对环境问题的深刻关注和了解，环境科学的重要性日益突显，社会对环境类专业人才的需求大大增加，环境类专业得到了迅速发展。

环境保护是我国的一项基本国策，环境统计则是环境保护的基础工作和重要组成部分。环境统计是经典的理科学科统计学与环境科学相结合的产物，涉及面广，具有较强的专业性和实用性。环境统计所提供的科学数据资料是进行环境决策、制定环境保护政策，编制环境保护规划，实施污染物排放总量控制、加强环境管理的重要依据。同时，调查与实验的统计设计与分析技术是环境保护工作者从事环境保护研究不可缺少的工作手段。对于大多数环境保护工作者而言，系统、精深地钻研和掌握统计理论是一项艰苦乏味而实效有限的工作。事实上，一般的环境保护工作者最需要具备的是科学地采集与分析相关数据、揭示数据隐含规律的能力，本书的编写即为满足这种需求的一个尝试。本书按照环境统计工作的基本过程主要介绍环境统计的有关内容，有助于读者正确理解环境统计的基本概念和统计研究设计、收集资料、整理资料、分析资料之间的内在联系。其中重点介绍了污染物排放统计和环境统计指标体系以及数据的统计与分析方法，并在数据的统计、分析与检验中尝试将传统方法与计算机技术相结合，在给读者展示缜密的统计思路的同时让读者感受计算机技术的简捷。书中没有冗长的统计理论推导，本着"实用、够用"的原则介绍相关的统计思想和计算，只要具备简单运算能力，基层环境保护工作者就能运用本书科学地进行日常的环境保护管理和技术工作。

本书作为高职高专环保类专业的教材，是国家社会科学基金"十一五"规划（教育学科）一般课题（批准号：BJA060049）"以就业为导向的职业教育教学理论与实践研究"的子课题（编号：BJA060049-ZKT028）《以就业为导向的高等职业教育环保类专业教学整体解决方案研究》的研究成果之一。本书以体现岗位技能要求，培养应用型、技能型人才为目的，针对高职高专院校环境保护类专业的学生从事基层环境保护工作的统计能力需求编写的。

全书共8章，第1章、第8章由喻曦编写，第2章、第5章、第7章由谢露静编写，第3章、第4章由杨罗辉编写，第6章由周伟编写，第3章及第4章的计算机处理部分由罗文华编写。全书由谢露静担任主编并统稿。

长沙环境保护职业技术学院院长、高级工程师、资深环保工作者李倦生教授担任了本书主审，花费了大量的时间和精力审阅本书初稿，提出了许多宝贵意见，在此对李倦生教授表示衷心感谢。另外，编者谨向所有参与本书编写的人员和本书所引参考资料的作者表示衷心感谢。

由于环境统计涉及领域广，综合性强，鉴于编者水平有限，本书难免有错谬缺漏和不尽如人意之处，真诚希望得到行内专家及各位读者的批评指导。

目　录

第1章　环境统计概述

1.1　环境统计基础知识

1.1.1　环境统计的基本概念

1.1.1.1　统计的含义与研究对象

1. 统计的含义

"统计"一词在日常生活、社会实践活动和科学研究领域中经常出现，但人们对于"统计"一词却常常有不同的用法。例如，企业每月要"统计"成本和收入，以核算利润，这是将统计作为一项工作看待；再如，人们购买股票时，要收集、分析相关的"统计"信息，以确定如何投资，这是将统计作为数据资料不定期看待。故"统计"通常有三种含义：统计工作、统计数据和统计学。

1）统计工作

统计工作是指收集、整理、分析的提供统计数据的活动过程。

统计作为一种社会实践活动已有悠久的历史，在中国，夏禹时代（公元前 2000 多年）就有了人口数量的记载；为了征发赋税、徭役和兵役的需要，历代都有田亩和户口等记录。在国外，古巴比伦、埃及和罗马帝国也有人口和资源的详细记录；到中世纪，欧洲各国都有人口、军队、领地、职业、财产的统计。

英文中"statistics"一词与"国家"一词来自同根。可以说，自从有了国家就有了统计实践活动。

2）统计数据

统计数据是指统计工作中收集到的各种数字资料和相关的其他资料，即统计工作的成果。

统计数据是有规律性的，这种规律性是由统计研究对象的内在必然联系决定的。下面通过几个例子来说明统计数据的规律性问题。

例 1.1

性别比例问题

就单独的一个家庭来观察，其新生婴儿的性别可能是男，也可能是女。在不对生育人口进行任何限制的条件下，可能有的家庭几个孩子都是男性，而有的家庭几个孩子都是女性。表面上看，新生婴儿的性别比例似乎没有什么规律可循，但若对大量家庭的新生婴儿进行观察就会发现，新生婴儿中男孩略多于女孩，比例大致为 107：100，这个性别比例就是新生婴儿性别比的数量规律。而且，这一比例古今中外都大致相同，这是由人类自然发展的内在规律所决定的。

例 1.2

投掷硬币的游戏

随机投掷一枚硬币，出现正面、反面是不确定的，完全是偶然的。但只要进行多次重复投掷，就会发现投掷一枚硬币出现正面和反面的次数大体相同，即比值接近于 1/2。投掷的次数越多，就越接近于 1/2 这一稳定的数值。这里的 1/2，就是投硬币出现某一特定结果的概率，也就是投掷硬币时所呈现出的数量规律性。

上述例子说明，通过大量观察或试验得到的统计数据有其内在的规律性，这种规律性由客观事物本身的必然性决定，而这种规律性需要利用统计方法去探索。

3）统计学

统计学是关于收集、整理和分析统计数据的方法论科学，其目的是探索统计数据的内在规律性，以达到对客观事物的科学认识。

由统计学的含义可知，统计学主要包括三个方面的内容：

（1）统计数据的收集。统计数据的收集是指取得统计数据的过程，它是进行统计分析的基础，离开了统计数据，统计方法就失去了用武之地。

（2）统计数据的整理。统计数据的整理是指对统计数据加工整理的过程。它是介于数据收集与数据分析之间的一个必要环节，是统计学研究的重要内容之一。

（3）统计数据的分析。统计数据的分析是统计学的核心内容，它是通过统计描述和统计推断的方法探索数据内在规律的过程。

将统计实践上升为理论，并加以总结和概括成一门科学——统计学，距今只有 300 多年的历史，其发展大致经历了三个阶段：古典统计学时期（17 世纪中叶至 19 世纪初）、近代统计学时期（19 世纪初至 20 世纪初）和现代统计学时期（20 世纪初至今）。

2. 统计学的研究对象

统计学研究的对象是客观现象总体的数量方面（数量特征和规律性）。按照研究对象性质的不同，现代统计学可分两大类：一类是以抽象的数量为研究对象，研究一般收集、整理和分析数据的理论统计学；另一类是以各个不同领域的具体数量为研究对象的应用统计学。

1）理论统计学

理论统计学又称数理统计学，主要探讨统计方法的数学原理和统计公式的来源。

目前，理论统计学的内容十分丰富，体系非常完善，如概率理论、抽象理论、估计理论、假设检验理论、决策理论、随机过程等。

理论统计学是统计方法的理论基础，没有理论统计学的发展，统计学也不可能发展成为像今天这样一个完善的科学知识体系。

2）应用统计学

应用统计学着重阐明统计方法的基本思想和具体应用，即主要探讨如何运用统计方法去解决实际问题。

目前，统计方法已被运用到自然科学和社会科学研究的众多领域，可以说，几乎每个学科领域都要用到统计方法。其实，将理论统计学的原理应用于各个学科领域，就形成了各种各样的应用统计学，如生物统计学、医疗卫生统计学、农业统计学、经济统计学、管理统计学、社会统计学、人口统计学、环境统计学等。

在统计学的发展过程中，理论统计学和应用统计学互相促进、共同提高。理论统计学的研究为应用统计学的数量分析提供方法论基础，大大提高了统计分析的认识能力，而应用统计学在对统计方法的实际应用中，常常会对理论统计学提出新的问题，开拓了理论统计学的研究领域。

1.1.1.2 环境统计的含义

1. 环境统计的基本概念

环境科学研究的中心问题是人与环境之间在进行物质和能量交换活动中所产生的相互关系和影响，而这些研究都是在定性、定量化的基础上进行的。由于错综复杂的条件和难以控制的因素影响，往往不能直观地从表面现象了解事物本来的面貌和其中所蕴含的规律，需要运用统计方法，从有限的观察中，透过偶然现象来揭示所研究的事物或现象的本质特征、整体情况和相互关系。

联合国统计司在 1977 年就提出，一个国家环境统计的基本问题主要包含五个方面：土地、自然资源、能源、人类居住区和污染。

环境统计可从环境统计工作、环境统计资料和环境统计学三个层面上来认识。

环境统计工作是指为了取得和提供统计资料而进行的各项工作。它包括环境统计设计、环境统计调查、环境统计整理和环境统计分析等几个方面。

环境统计资料是环境统计工作的成果，它包括环境统计数字和环境统计分析报告两个方面的内容。环境统计数字用来反映各种环境现象的状况，环境统计分析报告用以阐明社会经济发展与环境保护的相互关系及其演变规律。

环境统计学是数理统计理论与方法在环境保护实践和环境科学研究中的应用，它是研究和阐明环境统计工作规律和方法论的科学。它既是环境统计实践的理论概括，又是环境统计工作发展到一定阶段的必然产物。环境统计学与环境统计工作的关系是理论与实践的关系，环境统计学的理论与方法用以指导环境统计工作，推动统计工作的发展。

环境统计是各级环境保护部门为了解辖区内环境污染、治理和环保工作开展情况，为各级政府和环境保护行政主管部门制定环境保护政策，依法对辖区内环境状况和环境保护工作情况进行数据收集、传输、汇总、分析和发布等的一项重要基础工作。

环境问题的实质是经济问题，环境统计虽不直接研究社会经济现象的本身，但它与社会经济现象密切相关。因此，它仍属社会经济统计范畴，并与其他社会经济统计有着紧密联系。

2. 环境统计的类型

环境统计的类型包括普查和专项调查，定期调查和不定期调查。其中，定期调查包括统计年报、半年报、季报和月报等。

3. 环境统计的特点

（1）环境统计的范围涉及面广、综合性强。环境统计的研究对象是人类和生物生存空间和物质条件，涉及人口、卫生保健、工农业生产、基本建设、文物保护、城市建设、居民生活等许多社会、经济部门和领域，所以，它是一门综合性很强的学科。

（2）技术性强。环境统计研究的内容是人类生存的条件，必然涉及自然科学和社会科学的很多领域。环境统计的许多基础资料来自监测数据，必须借助于物理、化学和生物学等测试手段才能获得。

（3）环境统计是一门新兴的边缘学科，无论在国际还是国内都是新生事物。环境统计工作尚处于创建阶段，很多理论问题还有待于进一步探索和完善，环境统计管理制度不健全，远远不能满足环境管理工作的要求。

1.1.1.3 环境统计工作步骤

1. 我国环境统计工作的流程（图 1.1）

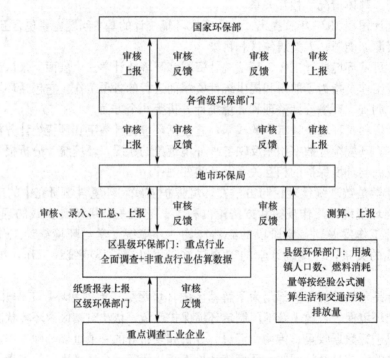

图 1.1　环境统计工作流程

2. 环境统计工作的步骤

环境统计工作可分为四个基本步骤，即先要有一个全过程设计，然后按照设计的要求去收集资料、整理资料和分析资料。这四个步骤是相互联系、不可分割的，任何步骤的缺陷，都会影响统计分析的结果。

1) 统计全过程设计

设计是统计工作的关键一步。首先要明确研究的任务，要对被研究的事物有一定的了解，可根据以往的经验和参考文献，或通过调查和预备试验，掌握较多的信息，对统计工作的全过程有一个全面的设想。例如，根据研究目的需要收集哪些研究资料？人力、物力、财力和客观条件是否可能办到？用什么方式和方法来取得原始资料？怎样对取得的资料作进一步的整理汇总？怎样对汇总后的资料作进一步加工并计算有关指标？预期会得到什么结果？诸如此类问题，都要经过周密的考虑，结合实际情况，做出科学、细致的安排，才能用较少的人力、财力取得较大的效果。特别应学会借助电子计算机来处理资料，这对全过程设计的作用越来越明显。

2) 资料分析

收集资料工作的任务是根据统计全过程设计的要求，及时取得准确、完整的原始数据。只有原始数据可靠，才能取得可靠的结论。因此，收集资料具有极重要的基础意义。

3) 整理资料

整理资料就是把收集到的原始资料，有目的、有计划地进行科学加工，使散的、零乱的资料变成系统化、条理化的资料，以便更进一步的统计分析。为此，必须认真核查原始资料，细心分组和归纳，以消除和减少整理中引入的误差。

4) 分析资料

分析资料就是运用各种统计分析方法，结合专业知识，计算有关指标，进行统计描述和统计推断，阐明事物的内在联系和规律。

若要正确地分析统计资料，首先需要深刻地理解各种统计分析方法，能够正确选择、综合运用各种统计分析方法；其次要有丰富的专业知识，对所研究的事物本身及其周围事物的联系有正确的认识，进而做出更合理的判断。

1.1.2 环境统计的基本内容

1.1.2.1 环境统计研究的内容、范围和任务

1. 环境统计的基本内容

环境统计的内容包括环境质量、环境污染及其防治、生态保护、核与辐射安全、环境管理及其他有关环境保护事项。目前，与环境统计相关的工作还包括污染申报、排污收费、总量核查和污染普查。

2. 环境统计研究的范围

环境统计以环境为主要研究对象，研究的范围涉及人类赖以生产和生活的全部条件，包括影响生态系统平衡和各个因素及其变化所带来的后果。例如，大气、水域、土壤等环境污染状况；受到危害的各种珍贵动物、植物；森林公园和其他自然保护区；人口的发展、平均寿命、发病率；城市的建设和改造；能源的开发和利用；土地盐碱化、沙漠化程度及森林覆盖率；工业"三废"的排放量；建设项目"三同时"情况；环境管

理、环保部门自身建设情况以及污染与疾病之间的联系等，都属于环境统计的范围。

环境统计的范围并不是一成不变的。随着环境保护工作和环境科学发展，环境统计的范围也不断扩大。大量的环境统计实践，积累了丰富的经验，也进一步充实了环境统计的内容。电子计算机的发展和普及，为大量的资料、信息贮存及复杂的统计整理、计算分析等，提供了极大的方便。如环境统计软件的开发应用和统计专用计算机网络的建立，有助于大规模的统计调查处理和统计指标的优选，特别是多因素的统计分析等，这必将促进环境统计的迅速发展，使环境统计工作提高到一个新水平。

3. 环境统计的基本任务

（1）向各级政府及其环保部门提供各地区和全国的环境状况的数字资料和分析资料，为制定环境保护方针政策和计划提供科学依据。

（2）监督检查环境保护方针政策、计划的执行情况，提供反馈信息，及时发现新情况和新问题，以便及时采取措施，加强环境管理，协调经济发展与环境保护的关系。同时，依法对环境统计工作本身进行监督检查，反对篡改、虚报、瞒报统计数字等不法行为，保证统计数据的正确性和严肃性。

（3）反映环境保护事业发展的规模、速度及其他部门的相互比例关系。

（4）宣传教育群众，提高对环境保护工作的认识，并为群众参加环境管理、经济管理，提高企业经济效益服务，开展创造"清洁工厂"、"清洁城市"等活动提供资料。

（5）为总结环境保护工作的经验教训、开展环境科学研究工作服务。

环境统计工作除了完成国家统计报表制度规定的任务外，还要围绕当前环境保护工作中的新情况、新问题，积极开展经常性的调查研究工作，并尽量利用其他专业统计已有的各种资料，对环境保护工作进行系统地、全面地分析研究，开展环境统计预测，提供有科学依据的、符合实际情况的统计预测资料，更好地为社会主义现代化建设服务。

1.1.2.2　环境统计的基本要求

1. 环境统计的基本原则

环境统计是环境管理的基础和工具，应遵循下列几条原则：

（1）环境统计应以我国的环境保护战略目标为基础，力求为保护环境提供及时、准确、有价值的环境统计数据和分析资料。要做到这一点，必须使环境统计向统计指标的完整化、统计分类的标准化、统计调查工作科学化、统计基础工作规范化、统计计算技术与数据传输技术现代化和统计服务优质化的方向发展，以适应环境管理现代化的需要。

（2）要建立一套科学的、完整的环境统计指标体系，建立一套科学的、切实可行的统计调查方法。有了一套科学的、完整的环境统计指标体系，就能够对复杂的环境现象进行科学的分析研究，使我们掌握各种环境现象量的变化，从而进一步认识整个环境所发生的质的变化。有了一套科学的、切实可行的统计调查方法，就能够保证我们获得正确统计资料。两者结合起来，就可以根据掌握的环境统计资料，经过分析研究，从复杂和经常变化的环境现象中认识并掌握环境变化的规律。

2. 环境统计的基本要求

环境统计既是制定环境保护方针政策和编制规划的基础和重要依据，又是对方针、政策、计划实行统计监督的工作，必须保证统计数据的科学性、准确性和及时性。为此，必须做好以下工作：

（1）提高认识、加强领导。环境统计是整个环境保护工作的基础。凡是环境保护涉及的方面都应当是它调查研究的对象，它与环境保护的各项工作者有密切的联系，是一项综合性的工作。同时，环境统计是社会经济统计的重要组成部分，环境统计工作除受环保部门领导外，还受国家统计局的领导，它必须具有相对和独立性，形成自己的分支系统。此外，环境统计工作是一个由调查、整理、分析和预测等环节组成的全过程，不仅仅是统计报表的汇总。要保证这个全过程的完成，就需要各级环保部门加强对这项工作的领导，做好组织协调，开展调查研究，及时解决存在的问题，加强队伍的组织建设等。

（2）健全环境统计机构，固定环境统计人员，努力提高环境统计人员的业务水平。

（3）抓好统计全过程的薄弱环节，一是要抓好统计调查工作。统计调查是统计工作的第一阶段，也是决定数据质量的重要环节，因为取得的材料正确与否、材料登记正确与否都会影响今后各阶段的工作质量。二是注意统计分析，没有统计的资料不是完整的资料，统计分析提供统计研究成果，也是发挥统计的认识作用和监督作用的重要环节。三是坚持实事求是。环境统计必须认真遵守统计法，坚持实事求是，如实反映环境状况，保证环境统计数字的准确性，决不允许弄虚作假，以维护统计工作的严肃性。四是做好环境统计服务和监督工作。环境统计的服务性及其监督作用是不可分割的两个方面，环境统计工作要更好地为各级领导机关服务，要积极地、有步骤地扩大服务面，充分发挥统计工作的作用。在规定的范围内公布一些环境污染的实际情况，以便开展污染治理工作。环境统计的监督作用就是坚持实事求是地反映国家有关环境保护政策、法令、条例和计划的执行情况。通过统计工作，可以揭露某些单位和个人违反《环境保护法》的现象，从而发挥环境统计的监督作用。

环境统计自身的特点，要求环境统计人员较一般统计人员具有更高的业务素质。各级环保部门除了要求统计人员在实践中自我完善和提高外，还应采取组织措施，如定期或不定期对统计人员进行业务培训，实施统计人员持证上岗规定，对统计人员实行奖惩制度等。

1.1.2.3　环境统计的发展历程

20 世纪 50 年代，我国已建立了国土、水利、气象、矿产等方面的统计，其中包括了环境统计的少许内容。

1979 年，国务院环境保护领导小组办公室首次组织了全国 3500 多个大中型企业环境基本状况调查。

1980 年 11 月，为了加强环境管理，制定环保规划，我国针对县及县以上工业"三废"排放及其治理情况展开了环境统计，正式建立了环境统计报表制度，由此开始，中国的环境统计进入制度化和规范化的快速发展时期，同时制定了关于环保队伍自身建设和发展情况的专业报表。

1985 年，展开了全国的工业污染源调查。

1990 年 3 月，原国家环保局、农业部、国家统计局决定在全国联合进行乡镇工业主要污染行业污染源调查。

1994 年，原国家环保局开展了环境统计调查方法改革试点工作，试点的三种调查方法是：普查、抽样调查、重点调查。

1996 年初，由原国家环保局、农业部、国家统计局联合组织的"全国乡镇工业污染源调查"开始实施，调查基准年是 1995 年。

1997 年，在乡镇污染源调查工作的基础上，增加了乡镇工业企业的统计，同时还增加了对社会生活及其他污染主要指标的统计。

2001 年，扩大了危险物集中处置情况的统计范围，细化了对城市污水处理状况的统计，增加了对城市垃圾无害化处理情况的统计调查。

2003 年，取消了对城市垃圾无害化处理情况的统计调查，个别指标有微调。

2006 年，原国家环保总局在认真分析总结"十五"环境统计工作的基础上，研究并制定了"十一五"环境统计报表制度。

我国的环境保护统计工作体系和信息系统自 1981 年建立以来，从无到有，从人工系统逐步向一体系统发展，每年向各级政府和社会公众提供大量的统计信息，已成为环境决策和管理的主要信息来源之一。

我们可以通过表 1.1 来见证环境统计的发展历程：

表 1.1 环境统计发展历程

时期	年份	统计范围
"六五"	1981～1995	县及县以上的企、事业单位
"七五"	1996～1990	县及县以上的企、事业单位
"八五"	1991～1995	县及县以上有污染的工业企业
"九五"	1996～2000	县及县以上有污染的工业企业
"十五"	2001～2005	工业污染统计有约占污染负荷 85% 的重点调查工业企业和 15% 左右的非重点估算两部分组成；同时有社会生活污染排放统计
"十一五"	2005～2010	工业污染统计有约占污染负荷 85% 的重点调查工业企业和 15% 左右的非重点估算两部分组成；同时有社会生活污染排放统计

1.1.3 环境统计在环境保护工作中的地位和作用

在环境保护工作中，为了弄清污染源和污染物的分布状况，了解环境污染的现状和评价环保措施的效果，判断环境中诸因素间和人类活动对环境的影响以及它们之间的相互关系，评价、预测和控制环境质量等，经常需要进行调查和实验研究。环境统计是完成这些任务的重要手段，它在调查与实验设计、数据处理、统计推断及统计分析结果的表达等方面都有重要作用。

环境统计从一开始就是因为环境管理的需要而产生的。由于环境管理的出现，迫切需要运用定量的数字语言来表示和评价环境污染的状况、污染治理成果及达到水平等情况，而环境统计正是按照环境管理的这一需要及科学的定义来确定其统计指标，通过大量的观察、调查、收集有关资料和数据，经过科学、系统的整理、核算和分析，以环境统计资料来表明环境现象的数量关系，并通过数量变化反映环境质量的状况及治理污染的成果等情况。环境统计资料所反映的情况，正是环境管理中所需要的环境信息，是环境管理决策的依据。

我国在1980年建立了环境统计制度。近年来，环境统计工作不断取得新的进展，基本反映了污染现状及治理水平等情况，摸清了部分地区的环境变化规律，在环境管理中发挥了服务作用。环境管理和经济管理工作的深入发展，对环境统计不断提出了新的要求，统计指标和统计范围也不断地扩大。

环境统计是环境管理的基础和工具。按照管理学的观点，环境管理的主要职能是计划、执行和调节。但无论是制订计划，还是执行计划，都需要对环境状况、污染物的排放状况及环境质量的变化进行调查研究，这些调查研究工作正是环境统计工作的主要内容。

1.2　环境统计资料的收集与整理

1.2.1　统计资料的概念与类型

1.2.1.1　统计资料的概念

统计资料是指所有可以推导出某项论断的事实或数字。统计资料是统计分析、统计推断和预测的基础。统计资料有初级（原始）资料和次级资料之分：原始资源是指未经过任何加工处理的第一手资料；次级资料是指已经加工过的数据，通常是具有权威性的公开发表的资料，如统计年鉴等。

（1）元素。统计资料由各元素所构成，如学生成绩单中的每个学生就是一个元素。

（2）变量。变量是元素的一种特征，如学生成绩单中学生的成绩就是一种特征。一个变量表示一种特征，如果这种特征不用数值表述，则属于定量变量，否则属于定量性变量。

（3）观测。一次性观测是指对资料集合中某一元素所有变量表述的记录，如学生成绩单中某一位学生所有科目的成绩就是一次观测。

1.2.1.2　环境统计资料的类型

统计资料一般分为计量资料与计数资料两大类，介于其中的还有等级资料。不同类型的资料应采用不同的分析方法。

1. 计量资料

对每个观察单位用定量的方法测定某标志值的大小所得的资料，称为计量资料。计量资料一般具有计量单位，属于连续型资料。例如，以每个采样点为观察单位，测得不同点的 SO_2 浓度（mg/m^3），又如，以人为观察单位，测得某个人群中每个人的身高（cm）、体重（kg）等，这样所获得的资料就是计量资料。同一总体内各单位某标志的测量值常有差异。

2. 计数资料

将观察单位按性质或类别进行分组，清点各组观察单位的个数，这样所得的资料称为计数资料，计数资料没有计量单位。例如，对某市工业企业废水排放达标情况进行调查，观察单位为每一个工业企业，因观察单位性质不同，可分为达标与未达标两组，然后分别计数各组观察单位个数，即企业数与未达标企业数；调查某省企业构成情况，将企业按行业分组，分为矿业、化工、冶金、纺织等若干组，然后清点各组的企业数；调查某企业职工情况，将职工按性别区分，观察单位每一名职工，然后计数各组职工人数等，这样所得资料都是计数资料。计数资料属离散型资料。

3. 等级资料

将各观察单位按某项标志的等级顺序分组，所得的各组观察单位数称为等级资料。例如，调查某地河流水污染情况，以河流为观察单位，按污染程度分为未污染、轻度污染、中度污染、重度污染四个组，所得各组的河流数就是等级资料。这类资料与计数资料的区别是：属性分组有程度的差别，各组按大小顺序排列；与计量资料的区别是：每个观察单位没有确切的量，因而又称为半计量资料。

以上所讨论的资料类型的划分并不是绝对的，有时根据分析的需要，计数资料、计量资料和等级资料可以互相转化。例如，大气中 SO_2 浓度属于计量资料，若按超标与不超标分为两组，再清点各组数量，就成为计数资料。又如河水的 COD 值是计量资料，若按 COD 值将河水质量分为清洁、轻度污染、中度污染、重度污染四个等级，然后清点各组数量，即成为等级资料。

1.2.2 环境统计调查

1.2.2.1 环境统计调查的意义

统计调查是根据统计研究的目的和任务，运用各种科学调查形式和方法，有计划、有组织地收集反映总体单位特征的原始资料的过程。环境统计调查就是按照确定的环境统计指标体系收集反映环境现象特征的原始资料。统计调查是整个统计工作的基础，它在整个统计研究工作中占有十分重要的地位。统计工作的质量很大程度上取决于统计调查的质量。如果统计调查工作搞得不好，收集到的原始资料不可靠，就会导致统计结果失实，造成对统计结论分析的判断错误，用以指导工作就会导致不应有的失误。所以搞好统计调查对于整个统计工作具有重要意义。

环境统计资料的收集工作必须符合准确性、及时性和完整性的要求。准确性是指观察、测量准确，记录无误，收集到的原始资料真实可靠，符合客观实际。及时性是指经常性资料的收集，应按规定时间完成；一时性资料的收集，记录应在观察测量同时完成，保证按时完成统计资料的任务。完整性是指收集资料的项目不可遗漏，各调查单位的资料要齐全。准确、及时、完整地收集统计资料，这是统计分析结果准确可靠的前提和基础。只有统计调查所取得的原始数据是准确可靠的，才能保证统计分析的结论符合客观要求。

1.2.2.2　环境统计调查的种类和方法

1. 环境统计调查表的种类

环境现象错综复杂，为适应不同的调查目的和调查对象，就需要多种多样的统计调查。从不同的角度，可以将环境统计调查划分为不同的类型。

（1）按调查组织方式的不同，可分为统计报表制度和专门调查两大类。

环境统计报表制度是以原始记录为基础，按一定的表格形式和时间程序，自下而上提供环境统计资料的调查组织形式，环境统计报表大都是定期、全面的调查，是我国环境统计资料的主要收集形式。

专门调查是为了解某种现象或研究某项问题而专门组织的调查形式。这种调查形式大都是一时性调查，如普查、抽样调查、重点调查、典型调查等。

（2）按调查对象包括的范围不同，可分为全面调查和非全面调查。

全面调查是对被调查总体的每个单位都进行调查，如普查和统计报表制度。

非全面调查是对被调查总体中的一部分单位进行调查，如抽样调查、重点调查、典型调查等。非全面调查由于调查单位少，因此可用于较少的人、财、物和时间较多的项目，提高资料的时效性和准确性，而且还可以对某问题进行专门研究。

全面调查与非全面调查是以被调查总体的单位是否全面来划分的，而不是以最终获取的资料所包含的内容是否全面来划分的。

（3）按调查的时间是否连续，可分为经常性调查和一次性调查。

经常性调查是对被研究对象进行经常性连续不断的登记，以反映现象在某一时期内发展变化情况。如对"三废"排放量进行经常不间断的统计，环境统计报表制度也属经常性调查。

一次性调查是指对调查对象进行不连续的调查，是为了获得现象在某一时点上的状况。一次性调查可以定期或不定期地进行。

2. 环境统计调查的方法

各种统计调查所采用的收集资料的具体方法很多。根据实践经验，常用的方法有以下三种：

1）直接观察法

由调查人员亲自到现场对调查对象进行直接观察、点数或计量，以取得统计资料的调查方法。如在水污染源调查中，调查人员亲自到排污口计量废水排放量或测定污染物浓度。采用这种方法可以保证资料的准确性，但需要大量的人力、财力和物力，而且调查的时间较长，因此在应用上受到一定的限制，一般适用于抽样调查和典型调查。

2）凭证法

以被调查单位的统计、会计或业务核算凭证或原始记录为调查资料的依据，按一定的表格和要求收集统计资料。这种方法由于统一的要求，并以记录和凭证作为依据，因此得到统计资料比较可靠。

3）采访法

由调查人员向被调查者进行口头询问或以被调查者填写调查表的形式取得所需资料的一种调查方法。这种方法可以采用开调查会、个别走访或书面询问的方式。开调查会或个别走访所需要的人力、物力和时间较多，调查面较小，但能得到深入具体的资料，多用于典型调查和重点调查。

书面询问又称问卷调查。问卷调查是社会调查中用来收集资料的一种工具，其形式是一份预先精心设计好的问题表格，主要用于测定人们的行为、态度和社会特征。问卷调查就是将若干份问卷通过邮局或调查人员送到被调查者手中，由被调查者自己填答问题，或由调查人员根据被调查者的回答填写问卷，然后通过邮局或调查人员收回问卷的一种方法。这种方法由于可用邮寄方式进行，因此可以节省人力、时间和经费，但要求被调查者具有一定的文化程度、责任心和合作精神，才能保证调查资料的质量。这种方式常用于抽样调查。

1.2.3 环境统计资料的整理

统计调查所得原始资料是分散、零乱的，要想说明事物的特征，还必须对这些原始资料进行科学加工，使之系统化、条理化，以便于分析。这个过程就叫统计资料整理，简称统计整理。

对环境统计资料的整理，不是单纯的数字汇总，而是运用科学的理论和方法对原始资料进行分类的综合。统计整理属于从感性认识上升到理性认识的过渡阶段，是从对环境现象个体量的观察到对总体量观察连接点，在统计工作中起着承前启后的作用。统计整理的正确与否，不仅直接影响到现象总体数量描述的准确性，而且还直接影响到对现象总体数量分析的真实性。环境统计资料的整理包括原始资料的检查、统计分组和统计汇总三个基本环节。

1.2.3.1 统计资料的审核

在分组汇总之前，首先要对原始资料进行一次全面、系统的检查与核对，主要是检查核对资料的及时性、准确性和完整性。检查资料的及时性，就是检查需要的统计资料是否按规定调查时间和上报时间执行；检查资料的完整性，就是检查所有调查单位的资料有无遗漏，检查所有的调查项目是否齐全，填写是否完整；检查资料的准确性，主要是检查资料的口径、计算方法、范围、内容、数据、计量单位等是否符合要求。

准确性检查是原始资料检查的重点和难点，一般采用以下两种检查方法：

（1）逻辑检查。逻辑就是根据调查项目的含义和项目之间的内在联系，从理论上或常识上审核资料的内容是否合理，有关指标间有无相互矛盾之处。如某企业上报的排水量仅占其新鲜用水量的 20％，这显然是不合理的，应该进行复查纠正。

（2）计算检查。计算检查就是检查调查表中各项数字的计算方法、计算口径和计算结果有无错误，计算单位是否符合要求，数字之间该平衡的是否平衡。例如，审核各单项之和是否等于小计，小计之和是否等于合计，各横行、纵栏的合计有无错误等。在环境统计中，污染排放量的计算比较复杂，往往是根据计算公式和经验数据推算的，有时会出现计算上的错误。审核时常常是先进行逻辑检查发现错误，再通过计算检查确定错在何处。

在对原始资料进行检查与核对时，如果发现漏报单位或缺页缺项，要及时催报补齐；发现有错误或疑问，应通知填报单位或原调查人员复查更正。若有严重的错误，应发还重报，如有弄虚作假、虚报瞒报、伪造篡改统计数字的，应按有关统计制度严肃处理。统计资料的检查是一项严肃细致的工作，一定要认真对待，不可草率从事。

1.2.3.2　统计分组

1. 统计分组的作用与任务

根据统计研究的任务和目的，为满足各级环境管理工作对统计资料使用的需要，在汇总前把总体按某种标志进行分类分组，称为统计分组。

统计分组工作用于区别总体内部现象之间存在的质的差异。通过分组将某一标志不同的单位分开，使同质的归并一组，这样有助于从数量方面揭示总体内部的结构、联系、区别、特征类型等。对环境现象进行分门别类的研究，能够反映环境现象的各个类型（组）的特征，从而更深入地认识和研究环境现象的全貌。统计分组的差异可以是现象性质上的差异，如工业企业总体存在着所有制、生产工艺、生产方向、生产规模的差别；还可以是空间上的差异，如环境统计中按地区分组、按流域分组；也可以区别现象在数量上的差别，如污染事故按损失金额分组、污染治理项目按投资额的多少分组等。统计分组是统计研究的基本方法，在统计资料整理和统计分析中起着重要作用。

环境统计分组的基本任务有以下三个方面：

1）划分社会经济类型

把总体按经济作用划分成若干类型。如对工业可以按行业分组，对国民经济可按第一、第二、第三产业分组，对某一城市可按部门分组。在环境过程中可根据不同的信息需求反映各经济类型的环境特征。

2）反映环境的地域分布情况

按地区流域分组，城市按区、县分组，可以反映环境状况的地域分布。

3）区别现象的性质或程度差异

将总体划分成性质或程度不同的组成部分，以便研究各部分之间存在的差异。如自然保护区按保护对象分组，工业企业按生产规模或产值分组。

2. 统计分组的方法

在统计分组中正确地选择分组标志、划分各组界限是统计分组的关键。分组标志应根据统计研究的目的而确定，在多个标志中选择统计研究中最本质的标志。分组标志确定之后，各组界限的划定就成了统计分组的重要问题。

分组标志按标志的性质分为品质标志分组和数量标志分组两种。

按品质标志分组就是按事物的质的属性分组，如环境统计中按工业行业分组、按国民经济部门分组、按地区分组。按品质分组能直接反映不同事物性质的差异，有时组与组之间的界限边缘模糊，难以划定。实际上常根据统计分析的要求由国家或主管部门制定统一的标准，编列各种分组目标，如《关于城乡划分标准的规定》、《工业部门分类目录》等，具体规定了分组的名称、顺序、计量标准等。

按数量标志分组就是按反映事物的数量标志的差异进行分组，企业按生产规模分组、城市按人数规模分组。分组的数量标志都是变量。当数量标志变动很小时，即总体单位取变量值较少时，就用单项式分组；当总体单位取的变量值很多，或在某一较大范围变动时，就可采用组距式分组。

对总体按一个标志分组时称为简单分组。有时，为了对总体进行深入研究，先对总体的一个主要标志分组后，再按另一个辅助标志分组，如在工业污染调查中，先对县及县以上工业企业和乡镇企业进行分组，然后每个组内再按工业行业分组。

1.2.3.3 统计汇总

统计调查资料在经过统计分组整理之后，就要进行汇总整理，即汇总各个指标的分组值和总体值。统计汇总工作包括汇总的组织形式和汇总技术两方面的内容。

1. 统计汇总的组织形式

统计汇总的组织形式有逐级汇总和集中汇总两种。

逐级汇总是将基层获取的原始资料，自下而上地在本系统或本地区逐级汇总。我国的环境统计报表常采用这种形式，采用分级负责、逐级上报的形式进行汇总。专门调查的资料也往往采用这种形式，其优点是可以在各级管辖范围内及时核查和更正各级汇总结果的差错，另外逐级汇总填报时还可按各级环保部门的需要整理资料。其缺点是，由于逐级整理的层次多，缺乏时效性，还因各级环境统计人员业务素质不一、理解不统一，容易出错误。

集中汇总是把全部统计资料集中，由国家和省、市统计部门把所有原始资料调集上来，统一进行汇总，对于比较重要的或统计时限要求很短的调查资料整理，常采用这种方式。这种形式的优点是可大大缩短汇总时间，统计人员对统计要求的理解容易统一。在计算机汇总技术普及后，这种形式速度快、准确性高的优点更为突出。计算机具有存储数据多、处理和查询数据方便的优点，在利用计算机建立工业污染源数据库的统计调查中，将更多利用这种形式。

在环境统计整理中，有些地方或部门采用集中汇总整理的形式，即由下属单位环境统计人员携带统计资料和有关资料集中在一起，共同审核、订正、汇总和编制统计表，这样便于统一认识，有利于上级对下级的管理的统计监督和指导，有利于及时、准确完成汇总任务，同时还能提高统计人员的业务水平。

统计实践中，还可以将逐级汇总与集中整理相结合，即可以把各级需要的指标逐级汇总，其他一些指标到上面集中汇总，这种汇总形式称为综合汇总。

整个统计整理一般分为一级整理和二级整理。对原始资料和统计台账的登记进行整理，即对基层报表的整理称为一级整理。二级整理是对一级整理的再整理，不论再进行几次都视为二级整理。为了保证汇总的质量，要特别重视一级整理的可靠性。

在汇总后还应进行一次认真检查、核对，包括计算检查和逻辑检查，经检查确认无误后再由主管人员审核上报。

2. 汇总技术

汇总是统计整理的主要内容，在大规模的统计调查中，汇总又是一项细致繁重的工作。为了提高汇总质量，做到迅速准确，应熟练掌握汇总技术。汇总技术有手工汇总和电子计算机汇总两种形式。

1) 手工汇总

手工汇总是用算盘和计算器进行的汇总。常用的手工汇总方法有以下几种：

（1）点划法。此法常用于对总体单位数汇总和分配数列中各组频数的计算。常用的点划法有"正"、"｜"。点划法汇总，手续简单，容易掌握。一般用于总体单位不多，只汇总单位数，此方法不能用于汇总标志值。

（2）过录法。先将调查资料过录到预先设计的汇总表上，然后计算各组和总体的单位数和标志值的合计值，再填入统计表。过录法既可汇总单位总数，又可汇总标志值，便于校对和计算，但过录工作比较费事，过录项目多时容易出错。此方法多用于总体单位不多、分组简单的情况。

（3）折叠法。将各调查表中需要汇总的同一项目的数值先行折好，然后按顺利叠在一起，逐张加总，再将加总结果逐一填入统计表，这种方法用于标志值的汇总简便易行，也不需统计汇总表，应用较广。但在汇总中一旦发现错误很难查对，必须重新返工。

（4）卡片法。利用特别的摘录卡片作为分组计算的工具。在调查资料多，分组细的情况下，可采用卡片法汇总。这种方法比点划法准确，比过录法和折叠法简便，可保证汇总质量和提高时效性。但如果调查资料不多，采用卡片法不经济。卡片法一般在整理大规模专门调查资料时应用。

（5）分组计数。卡片按组号分组，每组卡片叠在一起，然后先分组计总，再把各组的单位数与指标值小计填入统计表内，加以合作。

2) 电子计算机汇总

在统计资料汇总中，广泛应用电子计算机技术是统计汇总现代化的标志。应用电子计算机进行资料整理、汇总，能大大加快整理、汇总的速度，并取得高精度的汇总数字。电子计算机还有自动工作的功能和记忆功能，能处理和储存大量统计数据，对统计资料的积累、查询和分析提供极大便利。在进入信息时代的今天，应用电子计算机是环境统计工作的必由之路。

电子计算机数据处理包括对原始数据的分类、逻辑检查、数据汇总和运算、存贮、加工及打印出汇总表或图形等。

电子计算机的数据处理的全过程如下：

（1）编程序。用计算机高级语言对数据处理方式（统计汇总等）分成若干步骤，编成一条条指令（程序），计算机把高级语言程序编成计算机可执行的目标程序，现在环境统计程序已由清华大学编成软件，投入使用。

（2）编码。就是把信息（数字型、文字型、图像型）转换成人机对话的语言。编码质量不仅影响录入速度和质量，而且还将影响数据处理的最终结果。

（3）数据录入。把编码后的数据和实际数字由录入人员记录到存贮介质（如软盘、磁带纸等）上。

（4）数据编辑。按预先规定的一套编辑规则对输入计算机的原始数据进行分析、比较、筛选、整理，使编辑后的全部数据符合纺织规则的要求。

（5）制表打印。对经过数据编辑的数据，执行目标程序，形成各种形式的统计表，并把所需要的数据、统计表或统计图打印出来。

3. 环境统计资料的积累

环境统计资料是对环境活动的发生和发展过程的数量记录。环境现象的统计数据是动态的，现实的活动是历史活动的继续，现实状况与历史活动密切相关，没有历史资料做依据，就看不出现实的发展的变化。环境统计历史资料的再整理和积累工作是对各个统计历史时期的各种环境统计资料，它包括环境统计报表、环境影响评价、各种专门的环境统计调查资料（环境污染、治理及自然生态状况等）、环境监测及反映环境质量的资料、环境监理和污染源的调查资料等进行系统的再整理、积累和保存。

在统计资料的不断积累过程中，由于资料的来源不同，时间先后不同，往往产生指标统计口径不一致，统计范围、内容不一致，分组方法不同，推算和计算方式不一致等问题，因此在资料的积累过程中，还担负对历史资料的再整理任务，再整理的内容大致有以下几方面：

（1）调整统计范围。随体制和经济结构的改革和发展变化，随着环境统计范围的不断扩大及分组目录的调整，往往影响某些指标在不同历史时期的统计范围有所不同，而对这种情况，在积累资料过程中要进行适当调整，使各时期的同一指标的统计范围与现行的保持一致。

（2）调整统计内容。由于环境管理内容的深化，环境科学内容的发展，由于行政区域、组织机构、隶属关系的变更，由于计算方法、计量单位和计价标准的变更，造成不同时期统计资料的不可比。因此也要进行调整、使指标的计算口径、计量单位、计价标准前后不一致。

（3）对次级分组资料的再分组。当次级分组资料不科学、不合理、前后不一致或不适合本级环境管理需要时，需要重新分组，统计中称为统计资料的再分组。

环境统计资料的积累有两种形式，一种是经常性的积累，其主要来源是定期报表和年报资料。另一种是一次性积累，它是根据一定目的，对有关历史资料进行系统地搜集和整理，一般都是专题资料的积累。对环境历史资料的整理和积累要制度化、经常化，应确定本地区本部门各级历史资料积累的内容,搜集和积累的方法,整理和存档的技术规范,保证资料完整和系统化。

只有做好环境统计资料的整理和积累,才能系统地研究环境动态发展,全面认识环境变化的规律,才能更好地为环境管理、计划、评价和规划提供依据和信息支持。另外掌握和积累环境历史资料,才能充分满足各级环境管理部门和环境科研工作对统计信息不断增长的需求。同时它也是编制环境统计汇编的基础。

1.2.3.4 统计表与统计图

1. 统计表的结构与种类

经过统计汇总,计算出总体的单位数和一系列的标志总量资料,把这些资料用表格形式表现出来,这种表格叫统计表,广义上任何用以反映统计资料的表格都称为统计表。统计表和统计图是系统地表述数字资料的形式。

统计表能够系统地组织和安排大量统计数字资料,使统计资料的表现显得紧凑、鲜明,给人以完整简明、一目了然的印象,同时又便于资料的比较。

从形式上看,统计表是由纵横交叉的线条绘制的表格。统计表的结构如图1.2所示。统计表的结构由横行、纵栏、标题和数字资料四部分组成。总标题是表的名称,放在统计表上端中央,它用来简要说明表的内容。横栏标题是横行的名称,在统计表左方纵向排列,表明表中各横行的内容,纵栏的标题在统计表上方横向排列表明表中各纵栏的内容。数字资料填写在各横行标题和纵栏标题的交叉处。统计表中任何一个数字的经济内容由它对应的横行标题和纵栏标题说明。

表1 某省某年部分重点污染企业废水排放的情况

纵栏标题

行业		企业数/个	工业总产值/亿元	废水排放量/亿元
横行标题	冶金	15	59.5	1.48
	化工	34	30.7	1.33
	机械	17	11.1	0.21
	矿业	15	17.8	1.49
	合计	81	119.1	4.51

主词栏　　　　　　　　　　　　　宾词栏

图1.2 统计表结构示意图

从内容上看,统计表由主词和宾词两部分组成。主词是统计表要说明的总体。总体的分组,各个单位名称或各个时期。宾词是用以说明主词的各个指标的名称。主词一般位于列表的左方,宾词位列在表的上方,当宾词栏目太多过长时,也可将宾词与主同变换一下位置排列。

统计表的种类可根据主词的结构、是否分组和分组的程序,分为简单表、分组表和复合表3种。

（1）简单表是主词未分组的统计表。例如，主词由主体的各个单位名称排列组成的一览表，主词由国家、地区、城市等名称排列组成的地域目录表，主词由时间顺序排列组成的编年表等属于简单表。如表 1.2 所示是简单表的例子。

（2）分组表是主词按某一标志分组后形成的统计表。利用分组表可显示不同类型、不同特征研究总体的内部构成，如表 1.3 所示。

表 1.2　某年某市企业废水排放达标统计表

企业名称	外排废水量/(万 t/a)	达标排水量/(万 t/a)	达标率/%
甲企业	520	460	88.5
乙企业	167	126	75.5
丙企业	44	26	59.1
⋮	⋮	⋮	⋮
合　计	1.952	1.273	65.2

表 1.3　某年某市企业废水排放量统计表

企业名称	外排废水量/(万 t/a)	达标排水量/(万 t/a)	达标率/%
矿业	15	33.4	1.85
化工	31	57.7	1.76
冶金	15	28.5	3.12
⋮	⋮	⋮	⋮

（3）复合表是主词按两个或两个以上标志进行综合分组的统计表。复合表能把更多的标志结合起来，更深入地分析社会经济现象的规律性，如表 1.4 所示。

表 1.4　1984 年某省工业企业数统计表

企业分组	企业数
企业总数	33596
全民所有制企业	6262
其中：中央企业	387
地方企业	5875
集体所有制企业	27334
其中：城镇街道工业	7428
乡镇工业	19806

（4）整理表是在统计整理过程中用的表格，表中数字是经过汇总的总量指标。整理表也称汇总表和综合表。

（5）分析表是在统计分析中，用于整理所得到的统计资料，进行统计分析的表格。表中的数字既有总量指标，又有在总量指标基础上计算出来的相对指标和平均指标。

2. 统计表编制规则

统计表编制应遵循的原则是简明、清晰、准确、醒目，具体规则如下：

（1）统计表的各种标题，特别是总标题，应简明确切，能概括说明表的基本内容、资料所属的地区和时间。

（2）表中横行标题的各行，纵栏标题的各栏，一般是按先局部后总体的原则，即先列各个项目，后列合计。若没必要列出所有项目时，就先列总体，后列部分。

（3）如表中栏目较多时，通常要加编号，便于识别。对横行标题，用甲乙丙等文字标明；对纵栏标题则用（1）（2）（3）等数字编号。

（4）表中数字填写时应工整清楚，对准位数，当某项数字为 0 或不应有数字时，用"—"表示，当缺乏某项数字资料时，用符号"……"表示。相同的数字要照写，而不能用"同上"等字样代替。

（5）必须有计量单位栏，若全表只有一种计量单位时，可省去计量单位栏，而把计量单位写在表的右上方。

（6）统计表的表示，一般是上、下横线用粗线（或两道线）封口，左、右两端不封口，习惯称为"开口表"。

（7）必要时，统计表应加说明和注解。说明和注解一般写在表的下端。

3. 统计图

1）统计图的作用

统计图是根据统计资料，借助几何线，几何图形，物体的形象和地图等形式绘制的图形。统计图与文字报告和统计表相比，简明具体、形象生动、通俗易懂、一目了然。

在管理工作中，通过统计图，可以形象、具体地表明工作进度和计划执行情况。在汇报工作或宣传教育中，统计图通俗易懂、一目了然、给人鲜明、深刻的印象。无需很多的语言或文字说明，就能获得很好的效果。统计图能将比较复杂的现象，用一种清晰扼要的形式表现出来。利用统计图可以显示总体结构，对比现象关系、描述现象发展变化的趋势和规律。利用计算机显示的统计图更鲜明、准确，甚至可以给人以动态的感觉。

2）统计图的要求

（1）统计图的基本要素。

统计图的基本要素是图示、尺度和图的名称。

图示是统计图的主体，即基本图形。统计图主要依靠各种不同的图形来表明数字。

尺度就是利用统计图形的单位段尺度表示统计资料某一数量单位。如用 1cm 高度表示 100 万 t 废水，则 10cm 高度表示 1000 万 t 废水。这种表示一定量的数量单位的单位线段在统计图中称为尺度。

统计图的名称，应简明扼要地表明统计图的内容，通常写在图形的上边或下边。

（2）统计制图的基本要求。

根据资料性质和分析目的，选择适当的图形，如连续资料宜绘制线形图，非连续资料宜绘条形图，表示现象内部结构宜选用圆形图，表示资料的分组频数或分布特征宜选用直方图或折线图，表示资料的动态变化宜采用曲线图，表示资料的地域分布宜选用统计地图，表示环境质量状况宜选用直线图或统计地图，表示现象的相关关系宜选用散点图。

注意图形的大小和比例。根据图形的用途，选择适当的尺度，同时应使各个方向的大小比例适当。

注意图形的标准化。在比较几个图形时，应使用相同的尺度，以便于直观比较。

正确设计统计图形。首先应保证统计数字正确，定出适当的尺度，然后设计好图形的初稿，经核对后，再绘制正式图形。

统计图的标题应明确图形表达的内容，资料属于何时何地，标题文字应简洁、美观、大小适度，通常放在图形的上边或下边，以引起读者注意。

通常在图上注明资料的来源，这有助于读者判断资料的真实性和作图者的责任感。

色彩的应用。比较不同的事物，可以用不同的颜色、线点或点图，但应附有图例说明。

3）统计图的分类

统计图的形式有各种各样，利用几何图形表示统计数字是统计图的基本方式，根据所用的图形不同，一般分为曲线图、条形图、平面图、象形图和统计地图。

（1）曲线图。曲线图是以曲线高低、起伏和升降来表明统计资料变动的图形。常见的曲线图有动态曲线图、进度曲线图、次数分配分布图等（图 1.3）。

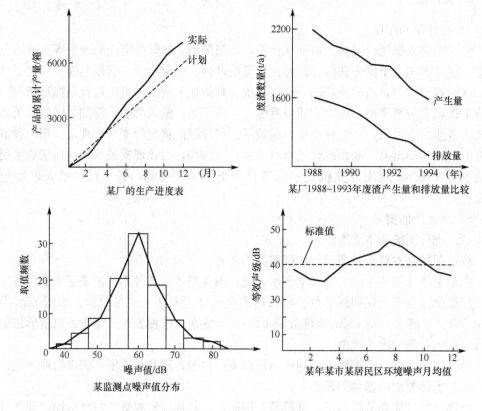

图 1.3　几类常见的曲线图

曲线图的绘制要利用直角坐标。用其横轴来划分动态或进度的时距或次数分配的组值。用坐标的纵轴制定指标数量尺度或用来表明不同时期的指标数量或不同组值的频数。设计曲线图时要注意横轴间隔与纵轴的尺度相适应，纵轴尺度过大或横轴间隔太小，将使曲线波动幅度加大，反之纵轴尺度过小而横轴尺度间隔太大，则曲线波动表现不明显，曲线的起点一般不一定从原点或纵轴开始，但为了突出曲线，起点应接近纵轴、曲线图内可以同时列出几种现象的曲线，但应用不同形状的线条（如实现，虚线）或不同颜色的线条加以区别，同时应用文字或图例说明。但同一图内不宜画太多的曲线，以免线条重叠交错，难以区分。

动态曲线图是以连续曲线的升降表明现象的动态变化图形。它可以表明总量指标，如产量、产值、排污量等；也可以表明质量指标、如劳动生产率、净化处理率、外排废水达标率等。

进度曲线图也称计划检查图，也是表明计划执行进度的图形。

分布曲线图是表明某一变量取值的分布规律的曲线，是直方图基础上再绘制折现图或曲线图。

（2）条形图。用宽度相同的直条和长短或高低来表示统计数字的大小和比较资料的一种统计图。它可以反映不同事物在同一时期的对比变动，也可以表明同一事物在不同时期的发展变化。条形图有单式条形图和复式条形图（图 1.4）。

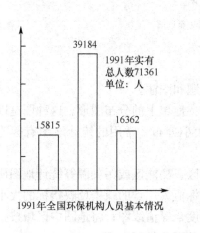

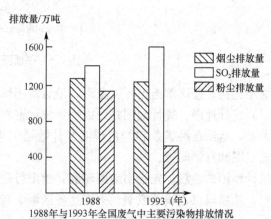

图 1.4　条彩图

（3）平面图。以几何图形面积大小表明数值或事物内部的结构，常用正方形、长方形和圆形三种（图 1.5）。

正方形和长方形是以其面积表示指标值的大小，单位面积表示一定的指标数值。长方形图绘制时，几个图的长和宽应成一定比例。

圆形图是用侧面积表示事物的总量，各部分的数量划分若干个扇形面积总量 1% （相当于圆心角 3.6°）的扇形面积。各部分所占的扇形应以不同的线条或颜色区别，并加以文字说明，即可绘出圆形统计图。

（4）象形图。象形图是以现象的实物形象表示统计资料的图形。它是一种统计图与绘画相结合的形式，用各种实物的形象显示资料，具有生动活泼、鲜明、吸引读者注意力等优点。

象形图的绘制应根据指标名称先选定事物的象形，然后根据数字资料，求出各资料

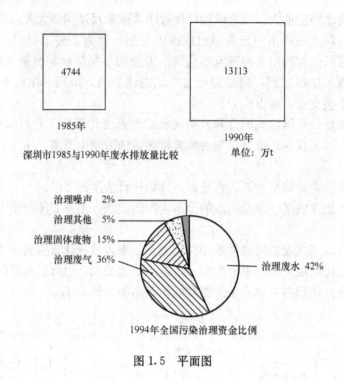

图 1.5 平面图

象形大小比例，按比例绘出各种象形，最后写明标题和图注。

（5）统计地图。统计地图是用以表示统计资料在地域上的分布图形。这种图是以地图为背景，运用各种线条和颜色说明统计数量的大小分布。常用的统计地图有等值线图，密点图和背影图等。

统计地图的绘制，先给出地图轮廓，绘出行政区、功能区或污染源等统计地图研究的项目，然后以点、线条或颜色去表达各区域的指标值。用点的疏密反映指标的大小是密点图；以等值线表明污染物在某地区扩散稀释程度是等值线图；将地图中区域按指标大小分成若干部分，用不同的背影，颜色或纹表示各部分是背影图。

1.3 环境统计报表制度

1.3.1 统计报表和统计报表制度

统计报表是国家或政府定期取得基本统计资料的一种调查组织形式。统计报表制度是由基层单位、各级组织按照规定的表格形式、填报范围、指标体系、报送时间与报送程序，由下而上逐级向上报送统计资料的一种制度。

1.3.2 环境统计报表制度

环境统计报表制度（简称环境统计报表）是基层企、事业单位和各级环境管理部门通过统计表格的形式，按照统一规定的指标和内容以及上报时间和程序，向上级和国家报告环保计划执行和环境现状等情况的统计报告制度。其内容主要有报表目录、表式和填表说明三个部分。在我国，环境统计报表已成为国家环境管理的重要制度之一。

环境统计工作以统计报表制度为基础，经过 20 多年的发展与调整，形成了由综合年报和专业年报组成的环境统计报表制度，环境统计报表由企业、县、市、省、国家环保部门逐级审核、汇总，形成各级环保部门的环境统计年报。

1.3.3　"十一五"环境统计报表制度

1."十一五"环境统计报表制度的内容

"十一五"环境统计报表制度分为环境综合报表制度和环境统计专业报表制度。综合报表制度主要调查污染物排放与治理情况，专业报表制度主要调查环境管理情况。

环境统计报表制度工具填报单位的不同，由分为基层报表制度和综合报表制度。

2."十一五"环境统计报表制度的主要变化

"十一五"环境统计报表制度与"十五"环境统计报表比较，在调查范围、调查频次和体系以及对统计数据的上报方式等方面进行了调整和完善。

1) 调整了环境统计调查范围

环境统计综合报表为加强对火电行业二氧化硫排放情况的监管，将火电行业从工业行业中单列出来进行调查，并增加了对企业自备电厂的统计调查；增加了对医院污染物排放的统计调查。

环境统计专业报表增加了环保宣传教育和环保产业等方面的调查范围。

2) 调整了环境统计调查频次

环境统计综合报表增加了对国控重点污染源污染物排放情况的季报。

环境统计专业报表增加了环境信访工作、建设项目管理和突发环境事件等方面的季报。

3) 完善了统计指标体系

"十一五"环境统计指标体系在"十五"环境统计指标体系的基础上，本着继承和发展的原则，删除了与绿色工程第二期、年度计划完成情况、污染治理投资情况、生态示范区建设主要情况、生态功能保护区名录等报表内容相对应的过时失效的指标，增加了火电企业污染排放及处理利用情况、医院污染排放及处理利用情况、环保产业、环境宣教等适应现实环境管理需求的指标，并对部分指标解释进行了修改完善。

4) 理顺了统计报表的上报方式

"十一五"环境统计专业报表采取由总局统一布置，各省级环保部门相关业务处（室）负责实施的方式进行上报；各专业报表数据由地方各级环保部门相关业务部门负责收集、汇总、审核后，报送上一级环保部门的相关业务部门，同时抄送同级环境统计部门。

"十一五"环境统计综合报表由各级环境统计部门负责收集、汇总、审核、上报。

5）调整了专业报表的报告期

"十一五"环境统计专业报表制度从 2007 年开始执行，与"十五"报表制度比较，除报表和指标有调整外，新制度将报表的报告期调整为完整制度，即报告期为当年的 1 月 1 日至 12 月 31 日。

1.3.4 环境统计基层报表

1. 环境统计基层报表目录

环境统计基层报表是基层企事业单位根据原始记录及统计台账汇总整理、编报的有关环境保护的统计报表。环境统计基层报表目录见表 1.5。

表 1.5 环境统计基层报表目录

表　号	表　　名	报告期别	报送单位	报送日期及方式
（一）年报				
环年基 1-1 表	工业企业污染排放及处理利用情况	年报	有污染物排放的重点调查工业企业	各省、自治区、直辖市按有关要求自定
环年基 1-2 表	火电企业污染排放及处理利用情况	年报	有污染物排放的火电厂（含供热厂、企业自备电厂）	同环年基 1-1 表
环年(季)基 2 表	工业企业排放废水、废气中污染物监测情况	年报	同环年基 1-1 表、环年基 1-2 表、环季基 1 表	同环年基 1-1 表
环年基 3 表	工业企业污染治理项目建设情况	年报	有在建污染治理项目的工业企业	同环年基 1-1 表
环年基 4 表	危险废物集中处置厂运行情况	年报	危险废物集中处置厂	同环年基 1-1 表
环年基 5 表	城市污水处理厂运行情况	年报	城市污水处理厂及污水集中处理设施	同环年基 1-1 表
环年基 6 表	医院污染排放及处理利用情况	年报	辖区内县及县以上医院	同环年基 1-1 表
（二）定期报表				
环季基 1 表	工业企业主要污染物排放季报表	季报	有污染物排放的重点源	各省、自治区、直辖市按有关要求自定

2. 基层报表说明

1）调查目的

收集基层企事业单位污染物产生、排放及治理情况。

2）调查范围

有污染物排放的重点调查工业企业、医院、危险废物集中处置厂和城市污水处理厂。

3) 填报单位

基层报表按报告期分为年报表和季报定期报表，各表的填报单位如下：

(1) 环年基 1-1 表"工业企业污染排放及处理利用情况"、环年基 1-2 表"火电企业污染排放及处理利用情况"和环年基 2 表"工业企业排放废水、废气中污染物监测情况"，以有污染物排放的重点调查工业企业为基层填报单位。对于有两种或两种以上国民经济行业分类或跨不同行政区的大型企业（如联合企业、总厂、总公司、电业局、油田管理局、矿务局等），其所属二级单位为填报单位。

(2) 环年基 3 表"工业企业污染治理项目建设情况"，以有在建污染治理项目的工业企业为填报单位。在建污染治理项目不包括已纳入建设项目环境保护"三同时"管理的项目。

(3) 环年基 4 表"危险废物集中处置厂运行情况"，以危险废物集中处置厂为基层填报单位。

(4) 环年基 5 表"城市污水处理厂运行情况"，以城市污水处理厂为基层填报单位，包括居民小区、度假区和工业区的污水集中处理装置。

(5) 环年基 6 表"医院污染排放及处理利用情况"，以辖区内县及县以上各类医院（含妇产医院、专科医院、中医医院）为基层填报单位。

(6) 环季基 1 表"工业企业主要污染物排放季报表"，以有污染物排放的重点源为基层填报单位。大型企业及其所属二级单位的填报要求同环年基 1-1 表。

环境统计调查实行在地统计原则，即按照单位场所所在地的行政区划进行统计。目前，我国环境统计的基层行政区划单位为县级，因此，法人单位（二级单位）应按在地原则向当地县级环保部门报送基层统计表，以正确反映工业污染的行业分布和地理分布。同样，各类不同级别的开发区、高新区、工业园区等内的重点调查企业，也必须按在地原则向当地县级环保部门报送基层统计表。

4) 调查方法

对属于基层报表调查范围内的填报单位逐个发表填报。

5) 报告期和报送时间

(1) 年报表的报告期为当年的 1 月 1 日至 12 月 31 日。

季报定期报表的报告期为每年的 1 月 1 日至 3 月 31 日、4 月 1 日至 6 月 30 日、7 月 1 日至 9 月 30 日、10 月 1 日至 12 月 31 日。

(2) 各项报表的报送时间、受表机关及报送方式按直接向填报单位布置本报表制度的机关的规定执行。

6) 填报要求

(1) 执行国家统计报表制度是《统计法》规定填报单位必须履行的义务，各填报单位必须按规定及时、准确、全面报送，不得虚报、瞒报、拒报、迟报，不得伪造。

(2) 各填报单位、各级环保部门必须严格贯彻执行全国统一的统计分类标准和编码，各省、自治区、直辖市环境保护部门可根据需要在本表式中增加少量指标，但不得打乱原指标的排序和改变统一编码。

（3）填写统计报表前，必须仔细阅读填报说明，认真理解指标含义，掌握统一的口径和计算方法，并严格按照统一的格式和要求填写。

（4）报表中所有指标的计量单位应按规定填写，不得擅自更改。"危险废物"的计量单位保留2位小数，"锅炉蒸吨"及以"万元"为计量单位的数字保留1位小数，水中污染物排放量保留1位小数，"工业企业排放废水、废气中污染物监测情况"表中污染物浓度按实际使用分析方法能够达到的位数填报，其他一律按"四舍五入"取整数。

（5）统计报表必须用钢笔或碳素墨水笔填写。需要用文字表达的，必须用汉字工整、清晰地填写；需要填写数字的，一律用阿拉伯数字表示。表中不得留有空格，表中"—"表示不需填报。

（6）填报数据如为0时要以"0"表示；没有数据或数据不详的指标以"—"表示；如数字小于规定单位，以"…"表示。

（7）在填写统计报表的属性标志时，首先在选中的属性代码上划圈，然后在方格中填写代码，每个方格中只填一位代码数字。

（8）填写报表时，要认真仔细；报表完成后，应检查错误并按逻辑审核要求对数据进行审核。

（9）统计报表必须有单位负责人、统计负责人、填表人签名盖章，并注明报出日期，加盖单位公章。

（10）各填报单位在报送统计报表时，应附有"填报说明"。"填报说明"的具体要求见3.2节和3.4节相关内容。

1.3.5 环境统计综合报表制度

1. 综合报表目录

环境统计综合报表是由各级环境保护行政主管部门对基层报表进行逐级汇总填报的环境统计报表，报表目录见表1.6。

表1.6 环境统计综合报表目录

表号	表名	报告期别	调查范围	报送单位	报送日期
（一）年报					
环年综1表	各地区工业污染排放及处理利用情况	年报	辖区内有污染物排放的工业企业	各地区环保局	次年3月20日前
环年综1-1表	各地区重点调查工业污染排放及处理利用情况	年报	辖区内有污染物排放的重点调查工业企业	同环年综1表	同环年综1表
环年综1-2表	各地区非重点调查工业污染排放及处理利用情况	年报	辖区内有污染物排放的非重点调查工业企业	同环年综1表	同环年综1表
环年综1-3表	各地区火电行业污染排放及处理利用情况	年报	辖区内火电厂（含供热厂、企业自备电厂）	同环年综1表	同环年综1表

续表

环年综 2 表	各地区工业污染治理项目建设情况	年报	辖区内有在建污染治理项目的工业企业	同环年综 1 表	同环年综 1 表
环年综 3 表	各地区危险废物集中处置情况	年报	辖区内危险废物集中处置厂	同环年综 1 表	同环年综 1 表
环年综 4 表	各地区城市污水处理情况	年报	辖区内城市污水处理厂及污水集中处理装置	同环年综 1 表	同环年综 1 表
环年综 5 表	各地区医院污染排放及处理利用情况	年报	辖区内县及县以上医院	同环年综 1 表	同环年综 1 表
环年综 6 表	各地区生活及其他污染情况	年报	辖区内	同环年综 1 表	同环年综 1 表
(二) 定期报表					
环季综 1 表	各地区工业企业污染排放季报表	季报	辖区内有污染物排放的工业企业	同环年综 1 表	季后 15 日内
环季综 1-1 表	各地区重点调查工业企业污染排放季报表	季报	辖区内有污染物排放的重点源	同环年综 1 表	季后 15 日内
环季综 1-2 表	各地区非重点调查工业企业污染排放季报表	季报	辖区内有污染物排放的非重点源	同环年综 1 表	季后 15 日内

2. 综合报表说明

1) 调查目的

了解全国环境污染状况和污染物产生、排放及治理情况，为各级政府和环境保护行政主管部门制定环境保护政策和规划，实施主要污染物排放总量控制、加强环境监督管理提供支持和服务。

2) 调查范围

环境统计综合报表制度按报告期分为年报制度和季报定期报表制度。综合年报制度的实施范围为有污染物排放的工业企业、医院、城镇生活及其他排污单位、实施污染物集中处置的危险废物集中处置厂和城市污水处理厂。季报的实施范围为有污染物排放的工业企业。

（1）工业企业污染排放及处理利用情况的年报调查范围，为有污染物排放的工业企业。

（2）工业企业污染治理项目投资情况的年报调查范围，为在建的老工业污染源污染治理投资项目，不包括已纳入建设项目环境保护"三同时"管理的项目。

（3）生产及生活中产生的污染物实施集中处理处置情况的年报调查范围，为危险废物集中处置厂和城市污水处理厂。

（4）生活及其他污染情况的年报调查范围，为城镇的生活污水排放以及除工业生产以外的生活及其他活动所排放的废气中的污染物。

（5）医院污染排放及处理利用情况的年报调查范围，为辖区内县及县以上各类医院，含妇产医院、专科医院、中医医院。

（6）季报的调查范围为有污染物排放的工业企业。

3）调查方法

（1）工业企业污染排放及处理利用情况年报的调查方法：对重点调查工业企业逐个发表填报汇总，对非重点调查工业企业的排污情况实行整体估算。

（2）工业企业污染治理项目建设投资情况年报的调查方法：对有在建工业污染治理项目的工业企业逐个发表填报汇总。

（3）生产及生活中产生的污染物实施集中处理处置情况年报的调查方法：对各集中处理处置单位逐个发表填报汇总，包括危险废物集中处置厂和城市污水处理厂。

（4）生活及其他污染情况年报的调查方法：依据相关基础数据和技术参数进行估算。

（5）医院污染排放及处理利用情况年报的调查方法：对辖区内医院逐个发表填报汇总。

（6）工业企业污染季报的调查方法：对重点源逐个发表填报汇总，对非重点源的排污情况实行整体估算。

4）报告期及省级报送时间

（1）年报报表的报告期为当年的1月1日至12月31日。报送时间为次年的3月20前。

（2）季报表的报告期为每年的1月1日至3月31日、4月1日至6月30日、7月1日至9月30日、10月1日至12月31日。报送时间为每季度终了后15日内。

5）资料来源和报送内容及方式

（1）资料来源。

工业污染排放及处理利用情况统计资料来源于基层年报表"工业企业污染排放及处理利用情况"（环年基1-1表）、"火电企业污染排放及处理利用情况"（环年基1-2表）以及综合年报表"各地区非重点调查工业污染排放及处理情况"（环年综1-2表）的数据。

工业污染治理项目建设投资情况统计资料根据基层年报表"工业企业污染治理项目建设情况"（环年基3表）综合汇总。

危险废物集中处置情况统计资料根据基层年报表"危险废物集中处置厂运行情况"（环年基4表）综合汇总。

生活污染排放及处理情况统计资料来源于基层年报表"城市污水处理厂运行情况"（环年基5表）以及综合年报表"各地区生活及其他污染情况"（环年综6表）的数据。

医院污染排放及处理利用情况统计资料根据基层年报表"医院污染排放及处理利用情况"（环年基6表）综合汇总。

以上各综合报表资料来源及综合汇总情况参见图1.6。

（2）报送内容及方式。

各地区报送的综合年报资料，其中全部数据库资料〔基础库和综合库（包括区县、地市、省各级）〕通过网络传报；年报打印表、数据逻辑校验打印表及年报编制说明等文本材料用邮寄的方式报送。

各地区报送的季报资料，其中全部数据库资料〔基础库和综合库（包括地市、省各级）〕通过网络传报；季报打印表、数据逻辑校验打印表及季报编制说明等文本材料用邮寄的方式报送。

3. 工业污染源重点调查单位筛选办法及要求

1）筛选办法

以所有污染源为总体，按个体单位排污量大小降序排列，筛选出占总排污量一定比例的单位为重点调查单位。

筛选项目为主要调查指标或国家重点控制的各项指标：废水、化学需氧量、氨氮、二氧化硫、烟尘、粉尘、氮氧化物排放量及固体废物产生量等，只要其中有一项被筛选上，该企业就为重点调查单位；排放废水中有重金属类等有毒有害物质的排污单位即为重点调查单位；产生和处置危险废物的排污单位即为重点调查单位。

重点调查单位筛选比例具体由环境统计主管部门根据实际情况确定，下级部门在保证上级主管部门确定的重点调查单位的同时可使用本办法确定本级的重点调查单位。

重点调查单位采取动态调整的方法，以确保反映污染源的实际排污变化情况。新增污染源（含不论试生产还是已通过验收，凡造成事实排污超过1个月以上的企业）的排污量等于或大于国家环境统计主管部门确定的排放规模，均列入重点调查单位。

2）筛选要求

（1）及时将已通过各级环保部门竣工验收的建设项目纳入环境统计调查范围。

（2）由于种种原因未通过环保验收、但事实上已经进入生产或试生产的新建、改扩建企业，应当按照当年实际开工时间计算排污量，并将其纳入工业污染源重点调查单位的筛选范围。

（3）除国家对全国所有工业污染源进行重点调查单位筛选外，省、地（市）、县（区）各级都要进行辖区内重点调查单位的筛选，下级的重点调查单位名单必须包括上级重点调查单位名单中位于本辖区内的企业。

（4）按照污染源属地管理原则，一切重点调查单位，无论是中央级还是省属企业，都必须参加企业所在地的县（区）级环境统计调查。

（5）为与全国污染源普查结果衔接，禁止各地在筛选重点调查单位时采用企业群的调查方式。

1.4 环境统计报表填报

1.4.1 环境统计报表填报工作流程

1. 环境统计基层报表填报工作流程（图 1.6）

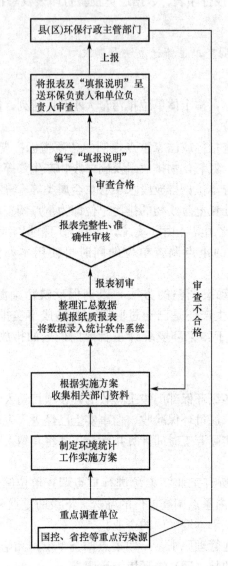

图 1.6 环境统计基层报表填报工作流程

2. 环境统计综合报表填报工作流程（图 1.7）

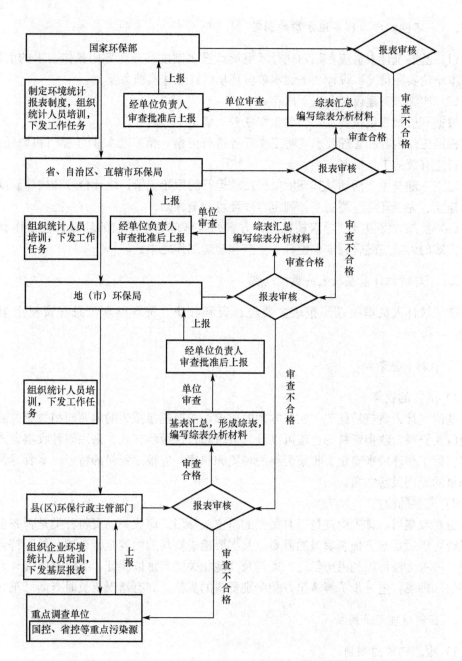

图 1.7 环境统计综合报表填报工作流程

1.4.2 环境统计基层报表的填报

1.4.2.1 环境统计工作实施方案的制定

（1）基层统计人员应在熟知现行环境统计报表制度和环保部门具体要求的前提下，结合本单位实际情况，设计和编制本单位环境统计工作实施方案。

（2）实施方案建议包含以下内容：

根据基层报表填报要求，明确工作任务，确定工作内容。

根据工作内容和管理要求，将工作任务进行分解，落实相关责任部门和责任人员，建立行之有效的工作机制。

建立、健全生产活动及其环境保护设施运行的原始记录、统计台账和核算制度。

建立、完善环境监测制度，制定年度环境监测计划。

（3）实施方案应报领导审核批准，方案的实施应与本单位的环境管理工作有机结合，方案的内容应融合到本单位日常生产和管理工作之中。

1.4.2.2 环境统计基层报表的填报过程

基层统计人员填报基层报表主要经过资料收集、资料整理汇总和资料上报三个阶段。

1. 资料收集阶段

1）资料的收集

基层统计人员应根据工作实施方案的要求，按照基层报表的内容向相关单位或部门全面收集资料，收集资料的方法可以分为索取和报送两种方式。采用何种收集方式，可根据实际工作环境来确定。收集资料的种类和顺序，应根据资料的特征，本着尽量减少工作量的原则灵活掌握。

2）资料的检查

资料收集后，首先检查是否有漏报的单位或部门；应收集的资料种类是否齐全；内容是否可以满足基层报表填报的需要。其次要检查资料的内容是否合理，是否符合实际情况。检查方法可以利用历年统计资料及其他相关资料加以验证，有时需要统计人员深入基层和现场，进一步了解情况方能辨别资料的真伪，如有错误要及时查询订正。

2. 资料整理汇总阶段

1）报表初稿的编制

收集到的基层环境统计资料大致可以分为两类：一类是直接从本单位各种专业资料中取得，不需加工就能满足报表需要的资料；另一类是必须经过整理加工才能满足报表需要的原始资料。对于第一类资料，基层统计人员经过查询确认后直接填入报表即可；第二类资料，即收集的原始数据，应先按基层报表的种类进行分组，然后按每种表中的内容，再次分组。其次是将这些分组后的原始数据加工整理成基层报表所需的指标数值并逐项填报，直至完成全部报表中要求填报的内容，同时将数据录入统计软件系统。

2）报表初稿的审查

报表初稿完成后，统计人员应对编制的报表初稿进行审查。

（1）审查资料的完整性。

检查各表填报内容及应填报的报表种类是否齐全，如有遗漏要及时增补。

（2）审查资料的准确性。

检查的方法有逻辑检查法和计算检查法。

利用逻辑检查法，按照本书列举的指标对应平衡关系，检查各表之间内容有无矛盾；指标对应平衡关系是否正确；每张表中内容是否合理；指标的计量单位是否符合报表规定；单位换算是否正确等，如有错误，找出差错的原因并及时订正。

在无逻辑错误的基础上，利用计算检查法逐表复核每个指标，从技术角度检查全部报表内容，如有算错、误抄等技术错误要及时订正。

3. 资料上报阶段

1）正式报表的编制

报表初稿通过审查后，基层统计人员应将其誊清，编制出全部正式报表，进行最后的复核与校对。

2）填报说明的编写

根据环境统计基层报表制度的规定，统计人员应对编制的报表编写"填报说明"。"填报说明"是帮助阅读和审查报表的文字资料，是基层环境统计资料的重要组成部分。"填报说明"的编写，以说明问题为目的，一般应根据报表填报工作情况，分表逐项进行叙述。由于各单位情况差异较大，原则上对"填报说明"应包括的内容，提出下列基本要求：

（1）简介单位概况及报表编制的基本情况。

（2）分表逐项叙述应说明的内容，包括：主要资料来源和汇总整理情况；详细介绍主要指标的计算方法、过程和结果，以及计算采用的主要技术参数和系数；重点说明主要指标变化情况和原因，以及特殊问题的处理情况。

（3）对全部统计资料质量，进行明确客观的评价。

3）单位审查

"填报说明"完成后，统计人员应将报表和"填报说明"呈送统计负责人和单位负责人审查，有时还需召开专门会议研究，待批准后方能报送。

4）报表上报

基层报表经单位统计负责人，单位负责人审核签字盖章，形成正式纸质报表和电子版（纸质报表一式三份，企业自存一份，报县或区环保行政主管部门两份），按照规定的时间要求上报县（区）环保行政主管部门。

1.4.3 环境统计基层报表的审核

1.4.3.1 环境统计基层报表审核方法

环境统计数据审核方法有多种,在日常工作中常用的有以下几种:

(1) 经验审核法:利用日常对调查单位的掌握情况进行经验审核。它要求环境统计人员在日常工作中,建立起比较完整的调查单位档案资料,以便审核时查阅。

(2) 逻辑审核法:利用指标间的逻辑关系,检查指标之间或数据之间有无矛盾。

(3) 计算检查法:对调查单位的"三废"及其各种污染物排放量,用实测法、排放系数法、物料衡算法进行计算验证。

(4) 计算机审核法:充分利用环境统计软件"逻辑校验"功能进行审核,打印出逻辑校验表,对照此表逐一核定每项内容。

1.4.3.2 环境统计基层报表审核内容

1. 完整性审核

审核基层报表时,首先应检查各基层企、事业填报单位应填报的报表种类是否齐全;各表填报的内容是否完整。

2. 准确性审核

1) 报表填报规范性审核

核查报表填报是否规范、正确。如:指标的计量单位是否符合报表规定,单位换算是否正确;数据填报是否规范:填报数据如为 0 时,要以"0"表示;没有数据或数据不详的指标以"一"表示;如数字小于规定单位,以"…"表示等。

2) 各类属性代码准确性审核

核查基层填报单位各类属性代码填写是否正确。基层报表所包含的各类属性代码主要有企业法人代码、行业代码、排水去向代码、行政区划代码、受纳水体代码等。

3) 企业台账准确性审核

核查基层填报单位提供的企业基本属性、生产和能耗情况等台账是否准确。对于其中的主要指标,如主要产品生产情况(产品名称、单位和数量)、工业总产值、主要燃料情况(燃煤产地、硫分、灰分等)、工业用水量、工业煤炭消费量等应重点审核。

4) 污染物产、治、排平衡关系审核

根据企业生产工艺类型及污染治理设施情况判断企业生产经营过程中的产污量与治理污染的消减量和最后排向环境的排污量是否平衡;企业污染物产生浓度、排放浓度以及污染物去除效率是否合理。如:某企业污水处理设施运转情况、废水排放量、达标量与往年相同,但 COD 排放量差异很大;或者企业的污水处理设施因故停运,但废水达标量和 COD 排放量与设施正常运转时一样,这些情况均可视为不合理。对于这些异常情况,应分析查找原因,重新进行核定。

5）逻辑关系审核

（1）利用逻辑检查法，按照基层报表或本书第2章中列举的指标关系，检查指标对应平衡关系是否正确。

（2）对于存在下列不符合逻辑关系的情况，应重点审核：

◆ 存在有废水处理设施、运行费用而无污染物去除量，或无废水处理设施，但有污染物去除量的现象；

◆ 存在无污水处理厂，但在基1表中有排入污水处理厂的工业废水排放量的现象（排入外区污水处理厂的除外）；

◆ 存在有"废水排放量"，但无废水中污染物排放量的情况；

◆ 存在有燃料煤消耗，但无燃烧废气、二氧化硫、烟尘、炉渣产生量的现象；

◆ 存在无燃料煤、燃料油和燃气，但有燃料燃烧过程中废气及污染物产生量的情况；

◆ 存在有处理设施、处理能力和运行费用，却无污染物去除量现象；

◆ 存在有脱硫设施，但无二氧化硫去除量或二氧化硫去除率小于40％的现象；

◆ 存在无脱硫设施，却有燃料燃烧过程中二氧化硫去除量或二氧化硫去除率大于40％的现象；

◆ 存在有烟尘去除量，但无粉煤灰产生量的现象；

◆ 存在废水（气）治理设施数、废水（气）治理设施运行费、废水（气）治理设施处理能力3个指标间的逻辑关系及变化趋势不一致的现象；

◆ 存在有"原料煤消费量"，但无"生产工艺过程中废气及废气污染物排放量"的情况；

◆ 存在有工业锅炉或工业炉窑，但没有废气及污染物排放量的情况。

6）主要污染物排污量的核定

对企业工业废水，工业COD和氨氮，工业二氧化硫、烟尘和粉尘，工业固体废物排放量等主要污染物排放量指标进行审核，看是否存在指标数值过大、过小等异常情况，并将这些指标进行纵向比较，变化幅度过大又无特殊原因的应重点审核。

工业"三废"排放量的核定，通常采用实测法、排放系数法和物料衡算法进行计算验证。

 思考与练习

1. 统计整理的内容包括几个方面？统计整理的关键是什么？
2. 统计整理的数据审核一般采用哪两种方法？
3. 统计审核中如发现资料有问题，应如何处理？
4. 什么是统计分组？统计分组的关键是什么？统计分组有什么作用？
5. 环境统计分组的基本任务是什么？
6. 国民经济基本统计分组一般是按哪几种形式分组？
7. 什么是分配数列？它包括哪两个要素？

8. 什么是变量数列？变量数列分为哪两种形式？

9. 什么是频数和频率？频数和频率在统计分组中的作用？

10. 统计汇总的组织形式有哪两种？

11. 手工汇总的方法有哪几种？其适用范围是什么？

12. 电子计算机数据处理的过程包括哪几种？

13. 统计资料累积过程中再整理的内容大致包括哪几个方面？

14. 统计表的结构与内容包括哪几个部分？

15. 统计表按主词和用途有哪几种分类？

16. 请根据工作中实际的需要编制一张环境统计调查表。

17. 统计图的基本要素是什么？

18. 常用的统计图有哪几种？

19. 用当地的三废排放统计资料画一幅圆形图和条形图。

第 2 章　环境统计指标体系

环境现象的数量特征是多方面的，各类环境现象之间的联系也是多方面的。此外，一个地区的环境现象不是孤立存在的，而是整个地区的政治、经济、城市、建设、卫生等各方面构成一个有机整体。在这一整体中，这一现象往往是另一现象的结果，而另一现象往往又是这一现象的原因。例如，工业污染物排放量的增加是工业发展的结果，而工业发展则是工业污染物排放增加的原因。一个环境统计指标只能从某一个方面反映环境现象的某个特征，要全面反映环境现象的整体特征，就必须把一系列相互联系的环境统计指标结合使用。这一系列的统计指标就构成统计指标体系。因此，环境统计指标体系就是由一系列相互联系、相互制约的环境统计指标所构成的整体。

各项环境统计指标，除单项指标外，都是通过一定的指标体系起作用的。环境统计指标体系实际是环境统计指标之间存在的一种联系，它的形成和具体内容是由客观环境现象所决定的。环境统计正是运用一套完整的、科学的统计指标体系来研究和反映环境现象的整体特征，从而揭示环境现象发展变化的规律性，发挥它在环保工作中的重要作用。

环境统计工作涉及面广，不仅涉及到各行各业，而且涉及到许多学科，环境统计指标体系的确定是一个庞大的系统工程。我国现行的环境统计指标体系框架和各项指标，是根据我国环境管理工作实际情况和发展需要，从相关性、科学性和可行性的原则出发，经过多次的调整和修改而确定的。随着环境管理工作的进一步发展，环境统计的范围和内容在不断的发生着变化，为了适应发展的需要，必须对环境统计指标体系不断的修改和完善。

2.1　中国现行环境统计指标体系

为贯彻落实原国家环境保护总局环发［2005］100 号《关于加强和改进环境统计工作的意见》文件精神，根据"十一五"环境保护规划目标和环境管理的要求，我国现行的"十一五"环境统计指标体系在"十五"环境统计指标体系的基础上，本着继续和发展的原则，删除了一些过时失效的指标，新增了一些适应现实环境管理需求的统计指标。

中国现行的环境统计指标体系主要体现在环境统计报表制度中。根据环发［2007］140 号《关于开展 2007 年环境统计年报工作的通知》，现行的环境统计指标体系主要包括工业污染与防治、城市污水处理、医院污染排放及处理利用、生活及其他污染与防治和环境管理指标体系等 5 个方面。

2.1.1 工业污染与防治指标体系

工业污染与防治指标主要应用于环境统计综合报表制度中，主要出现在环年综表、环季综表、环年基表和环季基表中。

1. 工业污染企业基本情况指标

企业基本属性：法人代码、企业名称、行政区划、登记注册类型、行业类别、企业规模、开业时间、年正常生产时间。

企业环保基本情况：环保联系人（姓名、电话、传真）、专职环保人数、排水去向类型、受纳水体名称、污水排放口数、废水污染物在线监测仪器套数、废气污染物在线监测仪器套数等。

企业主要经济指标：工业总产值（现价）、主要产品产量和单位产品用水量及能耗、主要有毒有害原辅材料用量、火电行业的供电标准煤耗、平均发电标准煤耗等。

主要燃烧设备排放达标情况指标：工业锅炉和工业窑炉的数量及其烟尘排放达标情况等。

"三废"综合利用情况指标："三废"综合利用产品产值等。

用水情况指标：工业用水总量、其中新鲜水量、重复用水量等。

燃料消耗情况指标：煤炭消费量（其中燃料煤消费量、原料煤消费量）、燃料油消费量（其中重油消费量、柴油消费量）、其他燃料消费量，以及燃料煤的煤质（含硫分、灰分）和燃料油的含硫分等。

2. 工业污染物排放情况指标

废水排放指标：工业废水排放量（其中直接排入水体的、排入污水处理厂的）、工业废水排放达标量（其中处理排放达标量）、工业废水污染物排放量（包括 COD、氨氮、石油类、挥发酚、氰化物、砷、铅、汞、镉、六价铬等 10 种污染物）。

废气排放指标：工业废气排放量（其中燃料燃烧过程中排放量、生产工艺过程中排放量）、工业废气中污染物排放量（含 SO_2、NO_x、烟尘、工业粉尘等排放量）。

固体废物排放指标：固体废物产生量（包括危险废物、冶炼废渣、粉煤灰、炉渣、煤矸石、尾矿、放射性废物、脱硫石膏、其他废物）、综合利用量、贮存量、处置量、排放量。

3. 工业污染治理设施情况指标

含废水治理设施、废气治理设施、危险废物集中处置厂、当年新增治理设施数量及处理能力、当年治理设施运行费用等指标。

废水治理设施指标：废水治理设施数、治理设施能力、治理设施运行费用、废水处理量（其中废水处理回用量）、处理排放量、处理排放达标量、废水中污染物（COD、氨氮、石油类、挥发酚、氰化物）去除量。

废气治理设施指标：废气治理设施数（其中脱硫设施数）、废气治理设施能力（其中脱硫设施脱硫能力)、废气治理设施运行费用（其中脱硫设施运行费用）、SO_2去除量（含燃料燃烧过程中去除量、生产工艺过程中去除量）、NO_x去除量、烟尘去除量、工业粉尘去除量。

危险废物集中处置厂运行情况指标：实际处置能力（其中焚烧处置能力、填埋处置能力）、实际处置量（其中焚烧量、填埋量，其中处置工业危险废物量、处置医疗废物量、处置其他危险废物量）、综合利用量、焚烧残渣流向（焚烧残渣量、焚烧残渣利用量、焚烧残渣填埋量）、本年运行费用等。

4. 工业企业污染物监测情况指标

废水中污染物监测情况指标：废水监测日期、排放口名称、流量、排放量、污染物名称与浓度。

废气中污染物监测情况指标：废气监测日期、排气监测点名称、废气流量、工业废气排放量、污染物（如 SO_2、NO_x、烟尘、粉尘等）浓度。

5. 工业企业在建污染治理项目建设情况指标

污染治理项目基本情况：项目名称、治理类型（分工业废水治理、燃料燃烧废气治理、工艺废气治理、工业固体废物治理、噪声及振动治理、电磁辐射治理、放射性治理、污染搬迁治理和综合防治及其他治理等 9 类）、开工时间、建成投产时间。

污染治理项目资金情况指标：计划总投资、至本年度累计完成投资、本年度完成投资额及资金来源（资金来源分排污费补助、政府其他补助、企业自筹、银行贷款等）。

竣工项目情况指标：竣工项目数量、设计及新增处理能力、年内运行实际厂能力等。

2.1.2 城市污水处理情况指标体系

城市污水处理情况指标主要用于环境统计综合报表制度的环年综表、环年基表中。

1. 城市污水处理情况指标

污水处理厂数、处理能力；工业区废（污）水集中处理装置数、处理能力；其他污水集中处理装置数、处理能力；污水处理量（其中处理生活污水量、处理工业废水量、污水再生利用量）；污染物（COD、氨氮、总磷）去除量；污泥的产生量、处置量、利用量、排放量；本年运行费用（其中政府补贴、收费费用）。

2. 城市污水处理厂运行情况指标

污水处理厂基本情况指标：企业名称、地址、代码，污水处理级别，污水处理方法，污水处理设施类型（分污水处理厂、工业区废水集中处理装置、其他），开业时间，年运行天数，排水去向类型，受纳水体等。

污水处理厂处理情况指标：设计处理能力，实际处理量（其中再利用量），污染物（COD、氨氮、总磷）进（出）水平均浓度，污泥的产生量、处置量、利用量、排放量；本年运行费用（其中政府补贴、收费费用），耗电量。

2.1.3 医院污染排放及处理利用情况指标体系

医院污染排放及处理利用指标主要体现于环境统计综合报表制度的环年综表、环年基表中。

主要统计指标有：医院总床位数、病床使用率、门诊量、用水量，废水处理设施数量、处理能力、运行费用，废水处理量、排放量，污染物（COD、氨氮）排放量，余氯、粪大肠菌群检出浓度年均值，处理废水产生污泥量，医疗废物处理设施数量、运行费用，医疗废物产生量、处置量，放射源数量，退役放射源数量等。

2.1.4 生活及其他污染与防治指标体系

生活及其他污染与防治指标主要应用于环年综表中。

基本情况：辖区人口总数（其中城镇常住人口数），煤炭消费总量（其中工业煤炭消费量、生活及其他煤炭消费量），生活及其他煤炭含硫率、灰分等。

污染排放情况：城镇生活污水排放系数（排放量、处理量、处理率），城镇生活污水中污染物（COD、氨氮）的排放系数（排放量、处理量），污水处理厂中污染物（COD、氨氮）去除量，生活及其他废气污染物（SO_2、烟尘、NO_x）排放量，其中NO_x排放量含公路交通NO_x排放量。

2.1.5 环境管理指标体系

环境管理指标主要用于环境统计专业报表的年报与定期报表中，报送方式为由各业务部门分别上报上级对口业务部门。

1. 人大建议、政协提案办理情况指标

关于环境保护（环境经济类、政策法规类、生态保护类、环境管理类、核安全与辐射管理类、宣传教育类等）的建议、提案数量，当年已办理的议案提案数。

2. 环境法制工作情况指标

颁布环保法律法规数，颁布环保部门规章数，颁布环保地方法规规章数，当年受理案件情况（环境行政处罚案件数和案件明细、环境行政复议案件数和案件明细、环境行政诉讼案件数和案件明细、环境犯罪案件数），当年做出决定、判决的情况（当年做出环境行政处罚或复议决定的案件数和案件明细、当年做出判决的环境行政诉讼案件数和案件明细、当年做出判决的环境犯罪案件数）。

3. 环境监督执法及违法案件查处情况指标

分现场监督执法、生态监察、环境违法案件查处基本情况、环境违法行为统计、环境违法行为处理情况、环境违法行为处理追究责任人数情况等 6 个方面共计 39 项指标。

4. 环境信访工作情况指标

来信数和来访人次（按来信来访原因分类：环境污染与生态环境破坏类、建设项目类、行业作风类、发明建议类、环境监测类、咨询类、其他），当年已处理数量，当年已办结数量。

5. 环境保护档案工作情况指标

现存档案资料数、档案查阅使用情况、档案库房设备情况、档案工作人员情况等。

6. 环境保护系统自身建设指标

机构数：国家级、省级、地市级、县级、乡镇，分环保局、监察机构、监测站、科研院所、宣教中心、信息中心、其他等。

人员数：实有人数情况、人员构成情况（行政、事业、其他）、人员职称情况、人员学历情况等。

7. 环境科技工作情况指标

科研课题项目和经费数，授权专利数，获科学技术奖励数，地方颁布的环境保护标准数，科研机构情况（从事科技工作人员数、科研业务费支出情况）。

8. 环境保护产业情况指标

环保产业单位数、环保产业从业人数、获环境标志产品认证的产品数、环保产业年收入、环保产品年销售收入与产值、环境服务年收入、环保产业年出口合同额、环保产业年利润与固定资产原值。

9. 生态保护工作情况指标

分为自然保护区情况、生态功能保护区情况、国家级生态示范区情况、国家级生态市县（区）情况、生态村情况、环境优美乡镇情况、有机绿色及无公害产品基地情况、规模化畜禽养殖污染防治情况等 8 个方面共计 36 个统计指标。

10. 环境监测工作情况指标

共有环境监测基本情况（环境监测用房、环境监测经费、环境监测仪器），环境监测情况（环境空气质量监测、酸雨监测、沙尘暴监测、地表水水质监测断面、集中式城市饮用水源地水质监测、近岸海域环境监测、环境噪声监测、污染源监测），开展生态（土壤、地下水）监测的监测站数量等方面计 72 个统计指标。

11. 建设项目环境影响评价执行情况指标

按四级（国家、省、市、县）审批权限统计：当年开工建设的项目数量、当年开工执行环评制度的项目数量、环评制度执行率、当年审批的项目环评文件数量、项目投资总额、项目环保投资总额、项目环评时污染物（COD、氨氮、SO₂、烟尘、粉尘、NOₓ）预测排放量、项目环评时污染物（COD、氨氮、SO₂、烟尘、粉尘、NOₓ）预测排放增减量等指标。

按四级（国家、省、市、县）审批权限统计：环境敏感区保护、土地保护、水土流失、珍稀濒危及特有动植物等四个方面指标。

按行业（石油加工及炼焦业等）统计：同以上"当年开工建设的项目数量"等环境指标。

按行业（石油加工及炼焦业等）统计：环境敏感区保护、土地保护、水土流失、珍稀濒危及特有动植物等四个方面指标。

12. 建设项目竣工环保验收执行情况指标

按四级（国家、省、市、县）审批权限统计：当年建成投运项目数量、当年环保验收申请率、当年完成环保验收项目数、"三同时"执行率、完成环保验收项目总投资额、验收项目污染物（COD、氨氮、SO₂、烟尘、粉尘、NOₓ）增减量、验收项目污染物（COD、氨氮、SO₂、烟尘、粉尘、NOₓ）实际排放量等指标。

按行业（石油加工及炼焦业等）统计：同以上"当年建成投运项目数量"等环境指标。

13. 污染源自动监控情况指标

已实施自动监控数、设备年运行维护费、安装 COD 自动监控设备数、COD 监控设备与环保部门稳定联网数、SO₂ 自动监控设备数、SO₂ 监控设备与环保部门稳定联网数等。

14. 排污费征收情况指标

主要有排污费征收开单户数/金额、排污费解缴入库户数/金额、污水类（废气类、噪声类、危险废物类）排污费解缴入库户数/金额等 15 项统计指标。

15. 排污费使用情况指标

排污费使用总额、环境保护能力建设（环境监测、环境监察、其他）使用额、污染防治使用额、生态保护使用额。

16. 排污申报核定情况指标

一般工业企业排污单位（污水处理厂、固体废物专业处置单位）申报核定户数，工业废水（废气）排放量申报核定情况，污染物（COD、SO₂、三氧化钨、烟尘、粉尘）排放量申报核定情况等。

17. 环境污染控制与管理情况指标

分危险废物管理情况、清洁生产审核数量情况、污染源限期治理企业或项目数、排污许可证制度执行情况、城市环境综合整治情况、创建国家环保模范城市个数、开展城市环境综合整治定量考核城市个数、集中式饮用水水源情况、水环境功能区情况等九个方面共计 46 个统计指标。

18. 环境宣教情况指标

召开（国家级、省级）新闻发布会次数，组织宣传活动次数；发布新闻通稿篇数，制作发放宣传品个数，创建绿色家庭个数，创建绿色大学个数，创建环境宣传教育基地个数；分三级（国家级、省级、地市级）已建宣传教育基地个数，创建绿色学校所数，创建绿色社区个数等共计 24 项指标。

2.2　环境统计指标体系的改进

我国现行的"十一五"环境统计指标体系较"十五"体系有了更合理的调整和进一步的完善，但随着环境保护事业的发展和环境管理工作的不断深入，要适应新时期下可持续发展战略的总体要求，环境统计指标势必要不断调整和拓展，主要有以下几个方面亟待加强或拓展。

1. 土壤环境质量统计指标体系

土壤是构成生态系统的基本要素之一，是国家最重要的自然资源之一，也是人类赖以生存的物质基础。土壤环境状况不仅直接影响到国民经济发展，而且直接关系到农产品安全和人体健康，但长期以来，我国的土壤环境监管能力不强，土壤环境质量统计一直是环境统计工作中的薄弱环节。为摸清全国土壤环境状况，掌握土壤污染情况，原国家环境保护总局于 2006 年 8 月以环发 [2006] 116 号文发出《关于开展全国土壤污染状况调查的通知》，计划用 3 年时间摸清全国土壤环境质量状况。可以预见，随着这项工作的开展和深入，今后土壤环境统计工作也将提到日程和得到进一步加强。

2. 循环经济与清洁生产统计指标体系

循环经济倡导的是一种与环境和谐的经济发展模式。其遵循"减量化、资源化、无害化"原则，是 20 世纪 90 年代以来发达国家实施可持续发展战略的重要途径和实现方式。也是解决我国经济高速增长与生态环境日益恶化矛盾的根本出路。立足于 21 世纪我国经济和社会的可持续发展、人民生活质量的提高和国家的生态环境安全，推行循环经济发展模式，是解决当前和今后面临的一系列重大资源、环境和经济问题，实现全面建设小康社会奋斗目标的有效途径。

从工业方面上讲，清洁生产就是循环经济在工业层面上的物质小循环模式，从 1993 年始，清洁生产就是实现我国污染控制重点由末端控制向生产全过程转变的重大措施。近年来国内开展清洁生产的企业呈逐年上升趋势。可以预测，循环经济、清洁生产这些已被世界各国普遍接受的重要环境手段，势必会推动我国建立起一套循环经济、清洁生产情况的统计指标体系。

3. 绿色国民经济估算指标体系

利用经济手段来协调人类与环境的关系将成为 21 世纪可持续发展的重要手段。联合国已成立"2000 年生态系统评价委员会"，其目的是将生态效益价值化，把环境生态系统的价值纳入国家体系中，通过政府行为和市场运作来推动环境保护，为此，提出了绿色 GDP 的新型国民经济估算体系。在众多的环境评价体系中，绿色 GDP 应当是其中一个较为容易理解、较为容易计算的指标。但该指标体系的建立需要有关部门通力合作，组织力量进行研究，建立起可监测、可量化的环境指标。

4. 小康社会环境统计指标体系

喝上干净的水，呼吸新鲜的空气，享受美好舒适的生活环境已经成为全面实现小康社会的基本要求。小康基本标准的 16 个基本监测指标和小康临界值中有几项是直接与环境相关的：如住房人均使用面积、交通指标、森林覆盖率等。国家统计局统计科学研究所课题组发布的《2006 年中国全面建设小康社会进程统计监测报告》指出：到 2020 年，人均国内生产总值、居民人均可支配收入、恩格尔系数、民用载客汽车拥有量、高中阶段毕业生性别比、公民自身民主权利满意度、家用电脑拥有量、5 岁以下儿童死亡率、平均预期寿命、居民人均生活用电量和 R&D 经费支出占 GDP 比重等指标在正常情况下可以实现。社保、环境指标仍需努力。环境指标实现仍需努力主要表现在：一是在资源环境方面，我国还面临着节能问题，特别是重化工业的发展，节能的任务十分艰巨，压力会越来越大；其次是土地问题，随着城镇化、工业化占用耕地的增加，如何确保常用耕地面积占补平衡将是不容忽视的问题；第三是环境问题，随着工业化进程的加快，以及农业、生活污染源的增加，如何加强环境治理，提高环境质量，将是当前的主要问题。我国 2020 年能否实现全面小康，环境指标起着举足轻重的作用。环境指标是影响管理部门决策的重要技术依据，因此，小康社会环境统计指标体系的建立与健全，是时代之使然，是形势之需要。

5. 温室气体 CO_2 与环境统计指标

2005 年 2 月 16 日，联合国气候变化框架公约《京都议定书》开始强制性生效。至目前为止，全世界共有 140 多个国家和地区签署了议定书，中国以发展中国家的身份签订了议定书。我国是能源消耗大国，据统计，我国的能源利用结构中煤的消耗量占了近 76%，而燃料燃烧过程的本质就是碳元素的氧化过程，完全燃烧意味着燃料中的碳高效地被转化为 CO_2。CO_2 是最重要的一种温室气体，它对温室效应的贡献值为 50%。据资料统计：目前中国的 CO_2 排放量已位居世界第二，仅原计划新建的燃煤电厂所产生的温室效应气体就将是《京都议定书》减少排放目标的 5 倍。虽然我国作为发展中国家，暂时不需承担减排 CO_2 的义务，倘若数年后要求发展中国家承担减排义务，则相关工作如 CO_2 排放量、减排量、削减百分率等指标统计工作就势在必行了。

6. 污染物总量减排统计指标体系

到 2010 年，单位 GDP 能耗降低 20% 左右、主要污染物排放总量减少 10%，是国家《国民经济和社会发展第十一个五年规划纲要》提出的重要约束性指标。建立科学、完整、统一的节能减排统计、监测和考核体系，并将能耗降低和污染减排完成情况纳入各地经济社会发展综合评价体系，作为政府领导干部综合考核评价和企业负责人业绩考核的重要内容，实行严格的问责制，是强化政府和企业责任，确保实现"十一五"节能减排目标的重要基础和制度保障。所称主要污染物排放量，是指确定实施排放总量控制的两项污染物，即化学需氧量（COD）和二氧化硫（SO_2）。主要污染物排放量统计制度包括年报和季报。两报为总量减排统计和国家宏观经济运行分析提供环境数据支持。主要污染物总量减排统计指标体系详见国发〔2007〕36 号文及《主要污染物总量减排统计办法》。

 思考与练习

1. 什么是环境统计指标体系？我国现行的环境统计指标体系主要包括哪些方面？
2. 简述工业污染与防治指标体系。
3. 城市污水处理情况指标体系包括哪些内容？
4. 我国主要的环境管理指标有哪些？
5. 环境统计指标体系主要有哪些方面亟待加强？

第3章　环境数据的统计与分析

在环境监测和科研工作中，往往要对大量的数据进行分析、比较。环境数据统计分析的基础是概率论和数理统计方法。本章扼要介绍概率论和数理统计的基础知识及数据整理的一些方法。

3.1　概率论基础知识

3.1.1　随机变量

3.1.1.1　随机变量的概念

在一定条件下进行重复试验，试验的结果随着随机因素的变化而变化，但又遵从一定的概率分布规律。这种随机试验的可能结果可以用一个变量 X 的数值来表示，称为随机变量。

随机变量是随机事件的数量化表示。通常将随机变量分为两类，即离散型随机变量和连续型随机变量。

（1）离散型随机变量。如果随机变量 X 只能以一定的概率取点列的数值 x_1，x_2，…，x_n，则称这种变量为离散型随机变量。例如一年中实验室失控样品的数目是离散型随机变量，噪声超标的汽车台数也是离散型随机变量。

（2）连续型随机变量。如果随机变量 X 以一定概率的取值充满某一数值区间，即在某一数值区间中可任意取值，取值数量有任意多个，则称这种变量为连续型随机变量。例如检测河流中某断面的 pH，检测结果可以是一定 pH 范围内任何一个值，是连续型随机变量。

3.1.1.2　分布函数的概念和性质

一个随机变量取值的规律，称为该随机变量的分布，分布函数就是表示随机变量分布的函数。给定随机变量 X，考虑 X 的值小于 x 的概率为 $P(X<x)$，显然它是 x 的函数，称其为随机变量 X 的分布函数。若记分布函数为 $F(x)$，则有：

$$F(x) = P(X < x) \tag{3.1}$$

随机变量 X 落在某一数值区间 $(x_1，x_2)$ 内的概率为

$$P(x_1 < X < x_2) = P(X < x_2) - P(X < x_1) = F(x_2) - F(x_1) \tag{3.2}$$

式（3.2）表明，随机变量 X 的概率分布可由其分布函数确定。分布函数有如下基本性质：

（1）在 $(-\infty<x<+\infty)$ 的整个区间中，任一随机变量必满足：

$$0 \leqslant F(x) \leqslant 1$$

（2）由于随机变量不取任何值的概率为零，因而有：

$$F(-\infty) = \lim_{n \to \infty} F(x) = 0$$

（3）随机变量能够取任何值为必然事件，因而有：

$$F(+\infty) = \lim_{n \to +\infty} F(x) = 1$$

（4）当 $x_2 > x_1$ 时，显然有概率 $P(X < x_2) \geqslant P(X < x_1)$，因而有：

$$F(x_2) \geqslant F(x_1) \quad (当 x_2 > x_1 时)$$

这表明分布函数具有单调递增的性质。

3.1.2　分布密度函数

连续型随机变量的概率分布除了可以用分布函数 $F(x)$ 表示外，还可用分布密度函数表示。分布密度函数的定义是：连续型随机变量 X 的值落在单位区间内的概率，记作 $f(x)$。根据定义，可以得到分布密度和分布函数之间的关系：

$$F(x) = \int_{-\infty}^{x} f(x) \mathrm{d}x \tag{3.3}$$

或

$$f(x) = \lim_{\Delta x \to 0} \frac{F(x + \Delta x) - F(x)}{\Delta x} \tag{3.4}$$

可以证明随机变量的概率密度函数 $f(x)$ 有如下性质：

（1）$f(X) \geqslant 0 \ (-\infty < x < +\infty)$。

（2）$\int_{-\infty}^{+\infty} f(x) \mathrm{d}x = 1$。

（3）$P(x_1 \leqslant X \leqslant x_2) = F(x_2) - F(x_l) = \int_{x_1}^{x_2} f(x) \mathrm{d}x$。

例 3.1　设 X 的概率密度函数为 $f(x) = \begin{cases} Ax^2, & 0 < x < 1 \\ 0, & 其他 \end{cases}$，

（1）试确定常数 A；

（2）求 $P(-1 < X < 0.5)$。

解　（1）由 $\int_{-\infty}^{+\infty} f(x) \mathrm{d}x = 1$，得 $\int_{0}^{1} Ax^2 \mathrm{d}x = 1$，所以 $A = 3$。

（2）$P(-1 < X < 0.5) = \int_{-1}^{0.5} f(x) \mathrm{d}x = \int_{0}^{0.5} 3x^2 \mathrm{d}x = 0.125$。

3.1.3　随机变量的数字特征

随机变量的数字特征是反映随机变量的某方面特征的数值，如随机变量的取值中心；随机变量的取值的分散程度等。随机变量的数字特征中，最重要的是数学期望和方差。

3.1.3.1　数学期望（均值）

随机变量的数学期望（或称均值）μ 是反映随机变量取值的平均水平的特征数字，

通常记作 $E(X)$ 或 $M(X)$。

对离散性随机变量 X，设其可能的取值为 x_k，其概率密度函数为

$$P(X = x_k) = P_k \quad (k = 1, 2, 3, \cdots, n)$$

则随机变量的数学期望为

$$\mu = E(X) = \frac{\sum\limits_{k=1}^{n} x_k P_k}{\sum\limits_{k=1}^{n} P_k} \tag{3.5}$$

由于 $\sum\limits_{k=1}^{n} P_k = 1$，因而式（3.5）可简化为

$$\mu = E(X) = \sum\limits_{k=1}^{n} x_k P_k \tag{3.6}$$

连续型随机变量 X，若其分布密度函数为 $f(x)$，则其数学期望为

$$\mu = E(X) = \frac{\int_{-\infty}^{+\infty} x f(x) \mathrm{d}x}{\int_{-\infty}^{+\infty} f(x) \mathrm{d}x} = \int_{-\infty}^{+\infty} x f(x) \mathrm{d}x \tag{3.7}$$

由上述离散型随机变量和连续型随机变量的定义可以看到，随机变量的数学期望实际上是该随机变量所有可能的取值以其相应的概率为权重的加权平均值。

数学期望有以下几个简单性质：

(1) $E(c) = c$。

(2) $E(kX) = kE(X)$。

(3) $E(X + c) = E(x) + c$。

(4) $E(kX + c) = kE(X) + c$。

式中的 k、c 均为常数。

3.1.3.2　方差和标准差

随机变量的方差和标准差是反映随机变量的取值相对于其数学期望的偏差程度的特征数字。

随机变量方差 σ^2 的定义为

$$\sigma^2 = E[X - E(X)]^2$$

对于离散型随机变量，x_k 是可能取值，$p(X = x_k) = P_k$ 为概率分布（$k = 1, 2, 3, \cdots, n$），则方差为

$$\sigma^2 = \sum\limits_{k=1}^{n} [x_k - E(X)]^2 \cdot P_k \tag{3.8}$$

若连续型随机变量的概率密度为 $f(x)$，则方差为

$$\sigma^2 = \int_{-\infty}^{+\infty} [x - E(X)]^2 f(x) \mathrm{d}x \tag{3.9}$$

随机变量的标准差的定义是方差开方，记作 σ，即有

$$\sigma = \sqrt{\sigma^2} = \sqrt{E[X - E(X)]^2} \tag{3.10}$$

不难看出，随机变量的取值越分散，标准差值就越大。

3.1.4 正态分布及其应用

正态分布是一种具有重要理论和实践意义的连续型理论分布。在环境数据统计分析中，正态分布同样具有重要意义。例如，在环境分析测试中，人们经常要对分析误差进行分析，分析误差一般服从正态分布。一般而言，当随机变量受到很多随机因素的影响，而每一随机因素的影响很小，不起决定性作用时，具有这种特性的随机变量，一般服从正态分布。

正态分布的随机变量 x 具有如下的概率密度函数：

$$f(x) = \frac{1}{\sigma\sqrt{2\pi}} \exp\left[-\frac{1}{2}\left(\frac{x-\mu}{\sigma}\right)^2\right] \tag{3.11}$$

式（3.11）中 μ,σ 是两个常数。可以证明，μ 是随机变量 X 的数学期望，σ 为标准差。均值为 μ，标准差为 σ 的正态分布通常以 $N(\mu,\sigma)$ 表示。

正态分布有如图 3.1 所示的分布曲线。

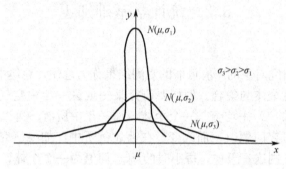

图 3.1 正态分布曲线

由图 3.1 可见，两个常数 μ,σ 是概率密度曲线的决定因素。均值件决定了曲线的位置，随着 μ 的取值不同，整个曲线在 x 轴上平移。σ 决定了曲线的形状，σ 值越大曲线越低平，σ 值越小曲线越尖锐。

当 $\mu=0$，$\sigma=1$ 时的正态分布称作标准正态分布，通常表示为 $N(0,1)$。标准正态分布的密度函数为

$$f(x) = \frac{1}{\sqrt{2\pi}} \exp\left(-\frac{x^2}{2}\right) \tag{3.12}$$

对于服从一般正态分布 $N(\mu,\sigma)$ 的随机变量 X，若用适当的数学变换 $\left(z=\dfrac{x-\mu}{\sigma}\right)$，即可使 z 成为服从标准正态分布 $N(0,1)$ 的随机变量。同样通过反变换 $x=\sigma z+\mu$ 也可将标准正态分布还原为一般正态分布。因而，只要我们掌握了标准正态分布的性质，就可认为掌握了所有正态分布的性质。标准正态分布 $N(0,1)$ 具有如下主要性质（图 3.2）：

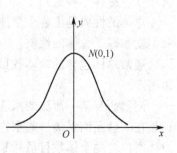

图 3.2 标准正态分布曲线

(1) 由标准正态分布的定义可知，标准正态分布的数学期望 $\mu=0$，标准差 $\sigma=1$。

(2) 在均值处，即 $x=0$ 处，标准正态分布概率密度函数 $f(x)$ 具有最大值。

(3) 标准正态分布的概率密度函数曲线是以 $x=0$ 为对称轴的曲线，曲线以下的总面积为 1，即全概率为 1。

由于正态分布在理论和实践上的重要性，数理统计学家已将标准正态分布随机变量落在不同区间内的概率计算结果列成表格（见附表 1），以供读者查阅。

例 3.2 设随机变量 $X \sim N(0,1)$，求下列概率：

(1) $P(1<X<2)$；(2) $P(|X|<1)$；(3) $P(X \leqslant -1)$；(4) $P(|X|>2)$。

解 由附表 1 可知：

(1) $P(1<X<2)=0.4772-0.3413=0.1359$。

(2) $P(|X|<1)=2 \times 0.3643=0.6826$。

(3) $P(X \leqslant -1)=0.5-0.3413=0.1587$。

(4) $P(|X|>2)=2 \times (0.5-0.4772)=0.0456$。

3.2 统计学基础知识

3.2.1 总体和个体

在统计学中将研究对象的所有可能的观测结果称为总体，总体中的一个单元称为个体。显然总体是所有个体的集合。例如要研究某一地区一年中空气中 SO_2 日均污染水平，则该年中每日的 SO_2 平均值是一个个体，而一年中所有 SO_2 日均值组成总体。总体和个体的内涵随研究问题改变而改变。在上述例子中，如要研究该地区一日内 SO_2 小时均值污染水平，则这一天中，每小时的 SO_2 均值为一个个体，一日中所有 SO_2 小时均值组成该研究问题的总体。总体可以是有限的。上述两个例子，显然总体包含的个体是有限的，这种总体称为有限总体。总体也可以是无限的。研究某河流 BOD_5 浓度的沿程分布，由于该河流沿程的点为无限多个，因而该研究总体有无限多个个体，这种总体称为无限总体。

3.2.2 样本

从总体中抽取一部分个体称为总体的一个样本。样本中所含个体的数目称为样本的大小（或称样本容量）。

总体的性质是由各个个体的性质决定的。当我们了解了总体中每一个个体的性质，我们就掌握了总体的性质。但是要做到这一点常常是很困难的，有时甚至是不可能的。因为通常总体包含的个体数目非常多，有时甚至是无限的，不可能对每个个体的性质加以测定。

例如研究某一河流的水质状况，我们不可能对整条河流的每一滴水（总体）化验，而是在一些断面采集一些水样（样本）进行分析，从而了解整个河流的水质情况。有时总体所包含的个体数目虽然是有限的，但是当我们为确定个体的性质所做的测定或试验是破坏性的，我们也不可能对总体所含的每个个体进行测定。由于上述原因，人们总是从总体中抽取样本，通过分析样本的性质来了解总体性质。研究样本，通过样本来了解总体成为统计学中重要的研究内容。

3.2.3　样本的频数分布

样本的频数是指将样本数据在取值范围内分成若干区间，统计数据落入每个区间内的次数。频数与样本数之比称为相对频数，亦称频率。对数据进行分组，得到的每组的频数或相对频数称为数据的频数分布。频数分布能较为完整地反映实验数据的统计性质。因此在进行数据整理时，频数分布是通常采用的方法。

对数据进行频数分布时，一般有以下几个基本步骤：

（1）指定进行频数分布区间的上下限，找出观察数据的最大值和最小值。以最大值作为频数分布区间的上限，最小值作为下限。

（2）确定频数分布的组数。频数分布的组数根据观察数据的数目确定，不宜太少，也不宜太多。一般以 5～15 组为宜。

（3）确定每组的界限。根据所确定的组数进一步可以确定每组的界限。一般采用等区间分组，即每组组距相等，特殊情况可做一些调整。需要注意的是，每组界限的取值一般比原始数据的精度高一位，这样可以避免实验数据落在界限上。

统计实验数据落入每组内的次数，即得到频数分布。

例 3.3　某城市用网格法进行城市环境噪声普查，共设置 249 个测点。将 249 个测点数据按 5dB（A）一档分档列于表 3.1。

表 3.1　某城市环境噪声普查数据

dB（A）	40.00～44.99	45.00～49.99	50.00～54.99	55.00～59.99	60.00～64.99	65.00～69.99	70.00～74.99	75.00～79.99
测点数（频数）	11	22	40	82	43	31	15	5
相对频数/%	4.4	8.8	16.1	32.9	17.3	12.5	6.0	2.0

频数分布也可用相对频数作频数分布图表示（图 3.3）。

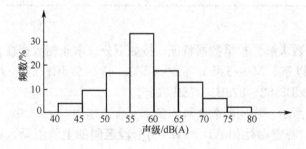

图 3.3　某城市环境噪声频数分布图

频数分布图表示的优点是直观，由图 3.3 可知，该城市的环境噪声分布状况可一目了然。

相对频数分布也常用饼形图来描绘。每一扇形部分与相应的每一组相对频数相对应。例如，某城市一年空气质量优、良、轻微污染、中度污染和重污染天数的相对频数分布如下：

优	良	轻微污染	中度污染	重污染
0.25	0.32	0.28	0.10	0.05

其相对频数也可用饼形图来表示（图 3.4）。

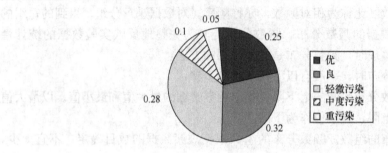

图 3.4　某城市空气质量相对频数分布图

例 3.4　某城市用网格法进行城市环境噪声普查，得如表 3.2 所示 80 个监测数据，求其频率分布。

表 3.2　某地点环境噪声测量值　　　　　　　　　　　　单位：dB

64	73	67	71	67	71	68	70
59	63	68	70	66	73	71	87
58	84	63	76	66	74	68	73
58	82	75	63	74	66	73	69
80	57	62	75	66	74	68	72
81	75	74	72	71	69	67	65
79	73	75	70	72	67	69	62
55	61	64	67	69	72	70	75
78	54	74	60	73	64	72	67
52	78	51	77	60	74	59	74

解　方法一：

用频数分布函数求解。根据数据特征，按如下分段求监测数据在各段的分布频数及分面频率：55dB 以下、55～59dB、59～6dB3、63～67dB、67～71dB、71～75dB、75～79dB、79～83dB、83～87dB、87dB 以上。

（1）如图 3.5 所示，将监测数据录入到 Excel 工作表 Sheet1 中，并将 Sheet1 改名为"噪声测量值"。在空白处如 A14：A23 将分段区间的上限值录入在一列。因为 Excel 的频数计算函数在统计时，是包含分段值的，根据统计方法中"上限不在内"原则，上述分段区间的分段值分别为：54、58、62、66、70、74、78、82、86。

（2）选中 B15：B24，在编辑栏输入公式：＝FREQUENCY（A2：H11，A15：A23），然后按 Ctrl＋Shift＋Enter 键，结果如图 3.6 所示。多选择的一行，表示分段大于 86dB 的频数。

	A	B	C	D	E	F	G	H
1	某地点环境噪声测量值（dB）							
2	64	73	67	71	67	71	68	70
3	59	63	68	70	66	73	71	87
4	58	84	63	76	66	74	68	73
5	58	82	75	63	74	66	73	69
6	80	57	62	75	66	74	68	72
7	81	75	74	72	71	69	67	65
8	79	73	75	70	72	67	69	62
9	55	61	64	67	69	72	70	75
10	78	54	74	60	73	64	72	67
11	52	78	51	77	60	74	59	74
12								

图 3.5　监测数据录入

（3）将 Sheet2 改名为"噪声测量值频数分布"。并建立如图 3.7 所示的统计表。

	分段上限	频数
13		
14	分段上限	频数
15	54	3
16	58	4
17	62	7
18	66	11
19	70	18
20	74	22
21	78	9
22	82	4
23	86	1
24		1
25		

图 3.6　公式计算结果

	A	B	C	D	E
1	某地点环境噪声测量值的分布				
2	噪声值（dB）	频数f	频率（%）	累计频数	累计频率（%）
3	～55				
4	55～59				
5	59～63				
6	63～67				
7	67～71				
8	71～75				
9	75～79				
10	79～83				
11	83～87				
12	87～				

图 3.7　建立统计表

（4）复制"噪声测量值"工作表中 B15：B24，切换到"噪声测量值频数分布"工作表，选择 B3 单元格，执行"编辑"—"选择性粘贴"，选择"数值"，单击确定，把用函数计算的结果复制到"噪声测量值频数分布"统计表中。

（5）在"噪声测量值频数分布"的 C3 单元格输入公式：＝B3/SUM（＄B＄3：＄B＄12）＊100，并复制到 B3：B12。

（6）在 D3 输入公式：＝B3，在 D4 输入公式：＝D3＋B4，用填充柄将 D4 的公式复制到 D5：E12，选择 D3：D12，将填充柄向右拖动一列，完成统计表的计算。

（7）选择 A2：B12，单击工具栏上的图表向导，绘制如图 3.8 所示簇状柱形图。

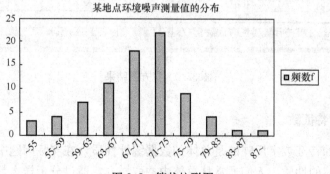

图 3.8　簇状柱形图

方法二：

Excel 为统计工作除了提供了大量的函数以外，还提供了一个数据分析工具库。数据分析工具库位于"工具"菜单下，叫"数据分析"。如果 Excel 的工具菜单下没有"数据分析"菜单项，则要加载。选择"工具"—"加载宏"，在对话框中选择"分析工具库"，然后点"确定"按钮，在"工具"菜单下即会出现"数据分析"菜单项。

对上例，先切换到"噪声测量值"工作表，打开"数据分析"对话框，选择"直方图"后点"确定"按钮，在"直方图"对话框中，如图 3.9 所示填写后点"确定"按钮，得到一个新工作表"Sheet4"（图 3.10）。

图 3.9　直方图对话框

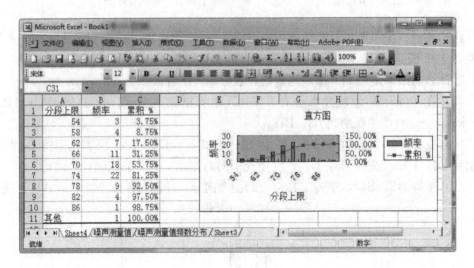

图 3.10　直方图结果

3.2.4　样本的特征数

随机变量的特征数字反映的是总体的数据统计性质，在实际问题中，它往往是未知的。为了解总体的性质，人们通常从总体中抽取样本，通过分析样本数据的统计性质来推断总体的性质。因而样本数据的统计性质，如数据分布的中心趋势、数据分布的分散程度、数据分布的形状等在数据分析的实践中具有重要的意义。反映样本数据统计性质的一些数值称为样本的特征数。

3.2.4.1　算术平均值

设样本的 n 个测定值为 x_1，x_2，$\cdots$，x_n，其算术平均值 $\bar{x}$ 的定义为所有测定值的总和除以测定次数，其计算式为

$$\bar{x} = \frac{x_1 + x_2 + \cdots + x_n}{n} = \frac{1}{n} \sum_{i=1}^{n} x_i \tag{3.13}$$

算术平均值是最常用的反映样本数据中心趋势的特征数，但它易受样本数据中特大或特小值的影响。对于服从正态分布的数据，算术平均值代表了数据中心趋势的典型水平。对于不服从正态分布的数据，算术平均值往往不反映数据中心趋势的典型水平，这是在应用算术平均值对样本进行统计分析时需要注意的问题。

例 3.5　对某一植物样品的有机砷含量进行了 7 次独立的检测，检测结果见表 3.3，求算数平均值。

表 3.3　某一植物样品有机砷含量检测

次序	1	2	3	4	5	6	7
浓度/(mg/L)	17.21	17.20	17.23	17.19	17.18	17.20	17.19

解　显然，该样品的有机砷含量的算数平均值为

$$\bar{x} = \frac{1}{7} \times (17.21 + 17.20 + 17.23 + 17.19 + 17.18 + 17.20 + 17.19) = 17.20$$

在本例中，样本服从正态分布，因而算术平均值代表了样本的中心趋势。

在 Excel 中，可用 AVERAGE () 函数求算术平均值（图 3.11）。

	A	B	C	D	E	F	G	H
							fx	=AVERAGE(B2:H2)
1	次序	1	2	3	4	5	6	7
2	浓度/ (mg/L)	17.21	17.2	17.23	17.19	17.18	17.2	17.19
3								
4	17.2							

图 3.11　用函数求算数平均值

3.2.4.2　几何平均值

几何平均值的定义是 n 个测定值乘积的 n 次方根。设 n 个样本的测定值为 x_1，x_2，$\cdots$，x_n，其几何平均值 $\bar{x}_G$ 的计算式为

$$\bar{x}_G = \sqrt[n]{x_1 x_2 \cdots x_n} \tag{3.14}$$

利用对数形式表示几何均值在计算上更为方便。将式（3.14）两侧取对数可得几何均值的对数计算形式：

$$\lg \overline{x}_G = \frac{1}{n} \sum_{i=1}^{n} \lg x_i \qquad (3.15)$$

取 $\lg \overline{x}_G$ 的反对数即可得到几何均值 $\overline{x}_G$。

对于服从对数正态分布的样本，几何均值比算术均值更能反映样本的中心趋势。需要注意的一点是，对数据中有零或负值的样本，不能计算样本的几何均值。

有兴趣的读者可以证明，对任一样本，若样本的几何平均值存在，该值总是小于或等于该样本的算术平均值。如例 3.4 中植物样品中有机砷含量的几何平均值为

$$\overline{x}_G = \sqrt[7]{17.21 \times 17.2 \times 17.23 \times 17.19 \times 17.18 \times 17.20 \times 17.19} = 17.20$$

一般来说，样本越分散，$\overline{x}_G$ 比 $\overline{x}$ 小得越多。

在 Excel 中，可用 GEOMEAN（）函数求几何平均值（图 3.12）。

A4	▼	f_x	=GEOMEAN(B2:H2)				
	A	B	C	D	E	F	G	H
1	次序	1	2	3	4	5	6	7
2	浓度/(mg/L)	17.21	17.2	17.23	17.19	17.18	17.2	17.19
3								
4	17.19999							

图 3.12　用函数求几何平均值

3.2.4.3　加权算术平均值

一组样本数为 n 的测定值的加权算术平均值是该 n 个测定值的加权总和除以 n 个权重总和。设样本的 n 个测定值为 $x_1, x_2, \cdots, x_n$；其相应的权重为 $\omega_1, \omega_2, \cdots, \omega_n$；则该样本的加权算术平均值 $\overline{x}_w$ 为

$$\overline{x}_w = \frac{\sum_{i=1}^{n} \omega_i x_i}{\sum_{i=1}^{n} \omega_i} \qquad (3.16)$$

例 3.6　某河流四个断面上测得污染物酚的浓度为 0.036mg/L、0.024mg/L、0.23mg/L、0.019mg/L。每个断面所代表的河段长度分别为 3.4km、5.6km、2.7km、4.3km，计算该河流酚污染平均水平。

以断面所代表的河段长度为权重因子，以加权算术平均值来反映该河流的酚污染平均水平，由式（3.16）可有：

$$\overline{x}_w = \frac{3.4 \times 0.036 + 5.6 \times 0.024 + 2.7 \times 0.023 + 4.3 \times 0.019}{3.4 + 5.6 + 2.7 + 4.3} = 0.025$$

又例，城市中 n 条交通干线的噪声污染水平分别测得为 $L_1, L_2, \cdots, L_n$，每条交通干线的长度分别为 $l_1, l_2, \cdots, l_n$ km，则城市交通噪声平均污染水平可由以下加权算术平均值求得：

$$\overline{L} = \frac{\sum_{i=1}^{n} L_i l_i}{\sum_{i=1}^{n} l_i}$$

这是评价城市道路交通噪声污染的重要公式。

在 Excel 中，将河段长度和酚浓度值分别输入在 A 列和 B 列（第一行为标题行），C2 输入"＝A2＊B2"，双击填充柄，将公式复制到余下单元格，B6 输入公式"＝sum（B2：B5）"，C6 输入公式"＝sum（C2：c5）"，D6 输入公式"＝C6/B6"，D6 单元格的值即为所求。

3.2.4.4　中位数

样本的中位数是指当样本的 n 个测定值从小到大排列时，居于中间位置的那个值。将样本的 n 个测定值由小到大顺序排列，并由 1 到 n 编号。若 n 为奇数，则样本的中位数是第 $\frac{n+1}{2}$ 个值，即为居于中间位置的测定值。若 n 为偶数，中位数介于第 $\frac{n}{2}$ 个与第 $\frac{n}{2}+1$ 个测定值之间，如无特殊规定，中位数即取这两个测定值的算术平均值。

中位数也是表示样本中心趋势的特征数。它与算术平均值相比，算术平均值易受特大值或特小值的影响，中位数则不受测定值中特大值或特小值的影响。正因为这一点，在偏态分布中，中位数比算术平均值更好地代表样本的中心趋势。

环境噪声的一个很常用的评价量——统计声级中的 L_{50} 基本上就是一个中位数。L_{50} 代表有 n 次测定值的一个样本中，有 50% 的测定值大于此值。

在 Excel 中，可用 MEDIAN（）函数求中位数（图 3.13）。

A4	▼	f_x	=MEDIAN(B2:H2)				
	A	B	C	D	E	F	G	H
1	次序	1	2	3	4	5	6	7
2	浓度/ (mg/L)	17.21	17.2	17.23	17.19	17.18	17.2	17.19
3								
4	17.2							

图 3.13　用函数求中位数

3.2.4.5　众数

众数是指样本中出现频数最高的测定值。一般来说，众数也是反映样本中心趋势的特征数，但它与算术平均值和中位数不完全相同。对正态分布的样本，众数与算术平均值和中位数重合，而对对数正态分布的样本，众数与几何平均值相同。

众数除了定量表示样本的中心趋势外，在很多场合仅用于定性反映样本的特征，而在对样本进行进一步统计分析时其作用受到某些限制。

某些样本的分布可以具有几个局部众数，在这种情况下，分布称为多峰分布。

在 Excel 中，可用 MODE（）函数求众数（图 3.14）。

3.2.4.6　极差

极差的定义是样本测定值中最大值与最小值之差，一般用 R 表示，即

$$R = x_{最大} - x_{最小} \tag{3.17}$$

A4		fx	=MODE(B2:H2)				
	A	B	C	D	E	F	G	H
1	次序	1	2	3	4	5	6	7
2	浓度/ (mg/L)	17.21	17.2	17.23	17.19	17.18	17.2	17.19
3								
4	17.2							

图 3.14　用函数求众数

极差是反映样本测定值离散程度的特征数。由于极差由样本中两个极端值所确定，因而它易受到极大值或极小值波动的影响。在一些问题中，用极差来表示样本测定值的离散程度是较为粗糙的方法。但是由于极差计算简便，一目了然，在样本数据的统计分析中仍有许多应用。在后面要介绍的样本测定值离群值的检验中，就有极差的应用。

在 Excel 中，可用 MAX () 函数求最大值，用 MIN () 函数求最小值，极差即为 MAX()－MIN()（图 3.15）。

F4		fx	=MAX(B2:H2)-MIN(B2:H2)				
	A	B	C	D	E	F	G	H
1	次序	1	2	3	4	5	6	7
2	浓度/ (mg/L)	17.21	17.2	17.23	17.19	17.18	17.2	17.19
3								
4	最大值	17.23	最小值	17.18	极值	0.05		

图 3.15　用函数求极差

3.2.4.7　平均偏差

设样本的 n 个测定值为 x_1，x_2，…，x_n，算术平均值为 $\bar{x}$。每个测定值与算术平均值的差为 $x_1 - \bar{x}$，$x_2 - \bar{x}$，…，$x_n - \bar{x}$，称为偏差。显然，由于偏差有正有负，这些偏差的总和为零，即：

$$\sum_{i=1}^{n}(x_i - \bar{x}) = 0$$

样本平均偏差的定义是样本偏差绝对值的算术平均值，平均偏差用字母 D 表示，即有：

$$D = \frac{\sum_{i=1}^{n}|x_i - \bar{x}|}{n} \tag{3.18}$$

平均偏差是可以直观反映测定值离散程度的特征数，但由于包含了绝对值运算，平均偏差在统计中的应用受到很大的限制。

有兴趣的读者可以发现，如果取中位数为原点，即计算测定值与中位数的差，平均偏差有极小值。但是一般都选择算术平均值为原点计算。

例 3.4 中植物样品中有机砷含量的样本平均偏差为

$$D = \frac{1}{7}(|17.21 - 17.20| + |17.20 - 17.20| + |17.23 - 17.20| + |17.19 - 17.20|$$

$+|17.18-17.20|+|17.20-17.20|+|17.19-17.20|)=0.011$

在 Excel 中，可用 AVEDEV（）函数求平均偏差（图 3.16）。

A4	▼	f_x	=AVEDEV(B2:H2)				
	A	B	C	D	E	F	G	H
1	次序	1	2	3	4	5	6	7
2	浓度/(mg/L)	17.21	17.2	17.23	17.19	17.18	17.2	17.19
3								
4	0.011429							

图 3.16　用函数求平均偏差

3.2.4.8　方差和标准差

设样本的 n 个测定值为 x_1，x_2，$\cdots$，x_n，其平均值为 $\bar{x}$。方差的定义是每个测定值与算术平均值差的平方和除以 $n-1$，通常用 S^2 表示。根据方差的定义，S^2 的计算式为

$$S^2 = \frac{1}{n-1} \sum_{i=1}^{n} (x_i - \bar{x})^2 \tag{3.19}$$

标准差为方差的平方根，通常用 S 表示。标准差的计算式为

$$S = \sqrt{\frac{1}{n-1}} \sqrt{\sum_{i=1}^{n} (x_i - \bar{x})^2} \tag{3.20}$$

方差和标准差避免了平均偏差中绝对值运算不便的困难，是表示样本离散程度最常用的特征数。在数据统计分析中有广泛的应用。为了计算方便，方差计算式通常可以化简为下式：

$$S^2 = \frac{1}{n-1} \left[\sum_{i=1}^{n} x_i^2 - \frac{1}{n} \left(\sum_{i=1}^{n} x_i \right)^2 \right] \tag{3.21}$$

应当注意，方差和标准差也有以下的定义：

$$S^2 = \frac{1}{n} \sum_{i=1}^{n} (x_i - \bar{x})^2$$

$$S = \sqrt{\frac{1}{n}} \sqrt{\sum_{i=1}^{n} (x_i - \bar{x})^2}$$

即用偏差的平方和除以 n 而不是 $n-1$。这两种定义都是可行的，重要的是要明确采用了哪一种定义。

例 3.4 中植物样品的有机砷含量的样本方差为

$$S^2 = \frac{1}{7-1} \left[(17.21-17.20)^2 + (17.20-17.20)^2 + (17.23-17.20)^2 + (17.19-17.20)^2 \right.$$
$$\left. + (17.18-17.20)^2 + (17.20-17.20)^2 + (17.19-17.20)^2 \right] = 2.7 \times 10^{-4}$$

标准差为

$$S = \sqrt{2.7 \times 10^{-4}} = 0.016$$

在 Excel 中，可用 STDEV（）函数求标准差、用 VAR（）函数求方差（图 3.17）。

	A	B	C	D	E	F	G	H
A4		f_x	=STDEV(B2:H2)					
1	次序	1	2	3	4	5	6	7
2	浓度/ (mg/L)	17.21	17.2	17.23	17.19	17.18	17.2	17.19
3								
4	0.01633							

图 3.17　用函数求方差和标准差

3.2.4.9　变异系数

标准差虽然反映了样本的离散程度，但对两个算术平均值不同的样本，仅用标准差就不能比较它们的离散程度。这样就需引入变异系数，通常用 CV 表示。它是样本的标准差相对于样本平均值的百分比。若样本的平均值和标准差分别为 $\bar{x}$ 和 S，则样本的变异系数的计算式为

$$CV = \frac{S}{\bar{x}} \times 100\% \tag{3.22}$$

变异系数是一个无量纲的数值，他表示的数据相对离散程度与数据的绝对单位无关，因而在比较单位不同的样本之间离散程度差别时，变异系数有广泛的应用。

例 3.7　用方法一检测一植物样品的有机砷含量为 17.20mg/L，标准差为 0.016mg/L；用方法二检测另一种植物样品的有机砷含量为 3.21mg/L，标准差为 0.007mg/L。显然，方法一的标准差比方法二的标准差大，但这不能说明方法一的误差大。比较变异系数，有：

$$CV(方法一) = \frac{0.016}{17.20} \times 100\% = 0.093\%$$

$$CV(方法二) = \frac{0.007}{3.21} \times 100\% = 0.22\%$$

显然，方法二的变异系数大，即方法二的检测精密度要较方法一差。

3.2.5　抽样方法

根据使用的抽样方法，抽样可分为概率抽样和非概率抽样。概率抽样是可以计算取得每个可能样本的概率的抽样方法。非概率抽样是不知道取得的每个可能样本的概率的抽样方法。如果我们要对通过样本做出估计的精度做出说明，必须用概率抽样方法。非概率抽样的优点是成本低、容易完成，其缺点是不能对估计精度做出正确的说明。此处主要介绍常用的概率抽样方法：简单随机抽样、分层简单随机抽样、整群抽样和系统抽样。

3.2.5.1　简单随机抽样

简单随机抽样的定义为从一个容量为 N 的有限总体中抽取得到一个容量为 n 的简单随机样本，使每一个容量为 n 的可能样本，都有相同的概率被抽中。

用简单随机抽样方法进行抽样，首先建立一个总体中所有个体的名册，然后根据随

机数表进行抽样。使用随机数表，可以保证抽样总体中的每个个体都有相同的概率被抽中。

在 Excel 中，利用分析工具库中的"抽样"工具可实现随机抽样。

抽样分析工具以数据源区域为总体，从而为其创建一个样本。当总体太大而不能进行处理或绘制时，可以选用具有代表性的样本。如果确认数据源区域中的数据是周期性的，还可以对一个周期中特定时间段中的数值进行采样。

例如，如果数据源区域包含季度销售量数据，则以 4 为周期进行取样，将在输出区域中生成与数据源区域中相同季度的数值。

如图 3.18 所示为"抽样"对话框。

图 3.18　抽样对话框

1）输入区域

在此输入数据区域引用，该区域中包含需要进行抽样的总体数据。Excel 先从第一列中抽样本，然后是第二列，以此类推。

2）标志

如果输入区域的第一行或第一列中包含标志，请选中此复选框。如果输入区域没有标志，请清除此复选框，Excel 将在输出表中生成适宜的数据标志。

3）抽样方法

单击"周期"或"随机"可指明所需的抽样间隔。

4）间隔

在此输入进行抽样的周期间隔。输入区域中位于间隔点处的数值以及此后每一个间隔点处的数值将被复制到输出列中。当到达输入区域的末尾时，抽样将停止。

5）样本数

在此输入需要在输出列中显示的随机数的个数。每个数值是从输入区域中的随机位置上抽取出来的，而且任何数值都可以被多次抽取。

6）输出区域

在此输入对输出表左上角单元格的引用。所有数据均将写在该单元格下方的单列里。如果选择的是"周期"，则输出表中数值的个数等于输入区域中数值的个数除以"间隔"。如果选择的是"随机"，则输出表中数值的个数等于"样本数"。

7）新工作表组

单击此选项可在当前工作簿中插入新工作表，并由新工作表的 A1 单元格开始粘贴计算结果。若要为新工作表命名，请在右侧的框中键入名称。

8）新工作簿

单击此选项可创建一新工作簿，并在新工作簿的新工作表中粘贴计算结果。

当从一个容量为 N 的有限总体中，抽取一个容量为 n 的简单随机样本时，其均值及其标准差的估计值为

$$\bar{x} = \frac{\sum_{i=1}^{n} x_i}{n} \tag{3.23}$$

$$S_{\bar{x}} = \sqrt{\frac{N-n}{N}} \left(\frac{S}{\sqrt{n}} \right) \tag{3.24}$$

若用 X 表示总体总量估计值，则可用下式表示：

$$X = N\bar{x} \tag{3.25}$$

在抽样调查中，样本容量的选择是一个重要问题。样本容量的选择需要对经费和精度进行权衡。较大的样本可以提供较高的精度，但费用较多。在经费允许的条件下，样本容量应该是足够大，以满足所要求的精度水平。通常，选择样本容量的方法是首先规定所需要的精度，然后确定满足精度的最小样本容量。在我们估计总体均值时，如果要求允许误差 B 为均值标准差的 2 倍，由标准差公式（3.24）则有：

$$B = 2 \sqrt{\frac{N-n}{N}} \left(\frac{S}{\sqrt{n}} \right) \tag{3.26}$$

解式（3.26），可得到样本 n 的估计值

$$n = \frac{NS^2}{N \left(\dfrac{B^2}{4} \right) + S^2} \tag{3.27}$$

由式（3.27）可知，一旦给出了所需要的精度水平，便可以得到满足所需要精度水平的样本值 n。但是，对一个实际研究问题而言，除了规定所需要的允许误差 B 外，还必须知道样本的标准差 S 或方差 S^2。而样本方差 S^2 只有在得到实际样本时才可以算出。为了解决此问题，可以用两步抽样的方法来估计方差 S^2：抽取部分样本 n_1，按式（3.25）计算，可得到方差 S^2 的估计值，再将此值代入式（3.27），计算出所要求的样本容量 n。若 $n_1 > n$ 则可认为样本抽取已满足要求；若 $n_1 < n$，则可再补抽样本，以满足允许误差要求。

3.2.5.2 分层简单随机抽样

在分层简单随机抽样中，首先将总体划分为 H 个层，然后从第 h 层中抽取一个容量为 n_h 的简单随机样本。由这 H 个简单随机样本，可得出总体、均值、总体总量、均值的标准差等各种总体参数的估计值。一般说来，各层内的差异比层间的差异小，则分层简单随机抽样可得到更大的精度。层的划分，可根据所研究对象内在的性质差异、类别以及事先对研究对象的初步研究或以往的经验进行。

在分层抽样中，总体均值的估计值是各层样本平均值的加权平均值，所用权重为总体在各层的比重，其计算式如下：

$$\bar{X} = \sum_{h=1}^{H} \left(\frac{N_h}{N} \right) \bar{x}_h \tag{3.28}$$

式中，$\bar{x}_h$ 可为第 h 层中样本的均值。

对分层简单随机样本，均值的标准差的计算式为

$$S = \sqrt{\frac{1}{N^2}} \sqrt{\sum_{h=1}^{H} N_h(N_h - n_h) \frac{S_h^2}{n_h}} \tag{3.29}$$

总体总量估计值的计算式为

$$X = N\overline{x} \tag{3.30}$$

对分层简单随机抽样，可以用两个阶段过程来选择样本容量。第一步确定总样本容量 n，第二步确定各层应分配的样本容量 n_h；也可以第一步确定每层样本容量 n_h，第二步通过各层样本容量相加得到总样本容量 n。确定总样本容量 n 及其分配，可对所要研究的总体参数提供必要的精度。然而，有时对某些层，样本容量没有达到满足层内估计量所需要的精度的数量，则这些层内的样本容量需要向上调整。一般而言，层内样本容量和方差较大的层应分配较多的样本数。而对于费用给定的前提下，为了获得更多的信息，抽样成本较大的层应分配较少的样本数。在进行各层样本数分配时一般要考虑三个重要因素：各层的样本容量、各层内的样本方差、各层抽取样本的费用。

在许多抽样调查中，抽样成本在各层近似相等。这时可以忽略抽样成本。对满足给定精度并使抽样成本达到最低要求，可采用著名的 Neyman 分配法，其将样本总容量 n 分配到各层的计算式如下：

$$n_h = n\left[\frac{N_h S_h}{\sum_{h=1}^{H} N_h S_h}\right] \tag{3.31}$$

式（3.31）表明，分配到各层的样本数受各层容量和标准差的影响，而且在进行分配前，必须先确定样本总容量 n。对于给定的允许误差 B，可使用下式确定样本总容量：

$$n = \frac{\sum_{h=1}^{H} N_h S_h}{N^2\left(\dfrac{B^2}{4}\right) + \sum_{h=1}^{H} N_h S_h^2} \tag{3.32}$$

3.2.5.3　整群抽样

整群抽样需要将总体、各个体分为 N 组（也称作群），使总体中每个个体只属于某一群。

整群抽样和分层抽样都将总体划分为组，因此这两种抽样过程感觉上是相似的。但是，选择整群抽样与分层抽样的原因是不同的。当群内个体存在差异时，整群抽样可提供较好的结果。理想的情形是每一群是整个总体的一个缩影，在这种情形下，抽取很少的群就可以提供关于整个总体特征的信息。

为介绍整群抽样中总平均值、标准差和总体总量的计算公式，我们使用如下符号定义：

N——总体的群数；

n——样本中选出的群数；

M_i——第 i 个群的样本数；

M——总体样本数，即 $M = M_1 + M_2 + \cdots + M_N$；

$\overline{M}$——每一群的平均样本数，即 $\overline{M} = \dfrac{M}{N}$；

x_i——第 i 群所有特征值（或称观察值）总量；

$\overline{x}_c$——总体均值估计的计算值。

则有，总体均值估计的计算公式：

$$\overline{x}_c = \frac{\sum\limits_{i=1}^{n} x_i}{\sum\limits_{i=1}^{n} M_i} \tag{3.33}$$

总体标准差估计的计算公式：

$$S_{\overline{x}_c} = -\sqrt{\left(\frac{N-n}{N_n \overline{M}^2}\right) \frac{\sum\limits_{i=1}^{n}(x_i - \overline{x}_c M_i)^2}{n-1}} \tag{3.34}$$

总体总量的计算公式：

$$X = M\overline{x}_c \tag{3.35}$$

3.2.5.4　系统抽样

对某些抽样情况，特别是总体容量很大的研究对象，可以用系统抽样来代替简单的随机抽样。例如需要从容量 10000 的总体中抽取一个容量为 50 的样本。我们可以从总体中每 200（10000/50）个个体中抽取一个个体。这种情况的系统样本，是从第一组 200 个个体中随机抽取一个个体。根据选中的第一个个体位置，隔 200 个位置，在第二组 200 个个体中抽取第二个个体。以此类推，我们可得到从总体容量为 10000 的研究对象中，抽出容量为 50 的系统抽样样本。

3.3　常见的环境统计方法

3.3.1　抽样推断法

3.3.1.1　参数估计的优良标准

根据样本统计量估计总体参数，是统计推断的重要内容，对于某一个总体参数，往往可以用几个统计量进行估计。如总体均值 μ 可以用样本均值、样本中位数、样本众数三个统计量予以估计。但用于估计总体参数的几个统计量中，用哪一个最为合适呢？这就需要对统计量的优劣进行评价。评价统计量的优劣一般应遵从以下原则。

1. 无偏性

前已述及，总体参数的估计量是一个随机变量，对随机样本 χ_1，χ_2，$\cdots$，χ_n 的不同观察值，某估计量会取得不同的估计值。估计量的每一个估计值与相应的总体参数的真值之间可能存在着一定的误差，但如果某估计量的所有可能估计值的平均值，即估计量的数学期望等于相应的总体参数值，则该估计量就被称为相应总体参数的无偏估计量。

设总体参数 θ 的估计值为 $\theta(\chi_1, \chi_2, \cdots, \chi_n)$，若有等式 $E(\hat{\theta}) = \theta$ 成立，则称 $\hat{\theta}$ 是总体参数 θ 的无偏估计量。如果估计量的数学期望值不等于要估计的参数，就称为偏倚估计量，偏倚估计量的偏倚值定义为 $\theta - E(\hat{\theta})$，它可正可负，等于零时即为无偏估计量。

$\hat{\theta}$ 的均值就是要估计的参数 θ，这就是说 $\hat{\theta}$ 的取值在 θ 附近摆动，θ 是其集中位置。所以无偏估计实际上是在平均意义下较好的一个估计量。一个好的估计量是无偏的或至少是近于无偏的。

对于样本均值 $\bar{x}$ 有

$$E(\bar{x}) = \mu$$

所以样本均值 $\bar{x}$ 是总体均值 μ 的无偏估计量。

对于样本方差 S^2 有

$$E(S_n^2) = E\left[\frac{1}{n}\sum_{i=1}^{n}(x_i - \bar{x})^2\right] = \frac{n-1}{n}\sigma^2$$

$$E(S_{n-1}^2) = E\left[\frac{1}{n-1}\sum_{i=1}^{n}(x_i - \bar{x})^2\right] = \sigma^2$$

所以，样本方差 $S_n^2 = \sum_{i=1}^{n}(x_i - \bar{x})^2/n$ 是总体方差 σ^2 的有偏估计量，$S_{n-1}^2 = \sum_{i=1}^{n}(x_i - \bar{x})^2/(n-1)$ 是总体方差的无偏估计量。因此样本方差一般指 S_{n-1}^2，1。

2. 有效性

对于同一参数的不同估计量，怎样评价它们之间的优劣呢？

设 θ_1、θ_2 为参数 θ 的两个无偏估计量，如果对任一容量为 n 的样本，有 $D(\theta_1) < D(\theta_2)$，则称 θ_1 比 θ_2 的估计值更有效。若固定样本容量 n，使取得极小值的无偏估计量就称之为最有效的估计量，又称最优估计量。因此，估计量的方差越小，说明估计量取值越集中，它的有效性越高。

与估计量的无偏性比较，估计量的有效性在实际应用中更受人们重视。例如，假定某总体参数 $\mu = 15$，$\bar{x}_1$ 和 $\bar{x}_2$ 均为 μ 的无偏估计量。估计量 $\bar{x}_1$ 的各估计值分别为 13，14，15，16，17；估计量 $\bar{x}_2$ 的各估计值分别为 5，10，15，20，25。虽然 $\bar{x}_1$ 和 $\bar{x}_2$ 都是 μ 的无偏估计量，但由于 $\sigma_{\bar{x}_1}^2 = 2 < \sigma_{\bar{x}_2}^2 = 50$，因此，在估计参数 μ 时，估计量 $\bar{x}_1$ 比 $\bar{x}_2$ 更有效。对此例直观去理解，就是在实际应用中，往往只利用样本的一个估计值去估计总体，当用 $\bar{x}_1$ 去估计 μ 时，其误差最大也只有 2 个单位（当 $\bar{x}_1$ 取 13 或 17 时），但若用 $\bar{x}_2$ 去估计 μ，其误差最小也将达到 5 个单位（当 $\bar{x}_2$ 取 10 或 20 时）。显然，用 $\bar{x}_1$ 估计 μ 比用 $\bar{x}_2$ 估计 μ 更为合适，即用 $\bar{x}_1$ 比用 $\bar{x}_2$ 估计 μ 时更有效。

可以证明，样本均值 $\bar{x}$ 和样本中位数 M 均为总体均值 μ 的无偏估计量，但是其方差分别为 $\sigma_{\bar{x}}^2 = \sigma^2/n$ 及 $\sigma_M^2 = \pi\sigma^2/2n$，由于 $\sigma_{\bar{x}}^2 < \sigma_M^2$ 故在估计总体平均数时，样本均值 $\bar{x}$ 比样本中位数 M 更为有效。

3. 一致性

当样本容量逐渐增加时，如果估计量的某估计值会越来越接近于相应的参数值，则称该估计量是参数的一致估计量。

设估计量 $\hat{\theta}$ 为参数 θ 的一致估计量，则对于任意给定的 $\varepsilon > 0$，总有

$$\lim_{n \to \infty}(|\hat{\theta} - \theta| < \varepsilon) = 1 \tag{3.36}$$

一致性是估计量的极限特性，用它估计参数的误差可小于任何小的预定正数。式 (3.36) 说明，当 n 足够大时，$\hat{\theta}$ 依概率收敛于 θ，$n \to \infty$ 时，$\hat{\theta}$ 趋近参数真值。

4. 充分性

如果一个估计量充分地利用了样本中有关总体的所有可能信息，它就称为充分估计量。即如果某估计量是某参数的充分估计量，则不会有别的统计量能够为该参数提供更多的来自样本的信息。

3.3.1.2 点估计和区间估计

用样本指标估计总体指标时，有点估计和区间估计两种方法。

点估计就是用某样本指标直接作为相应总体指标的估计值。在实际应用中，通常将其一样本的均值 $\bar{x}$ 作为总体均值 μ 的点估计值，将某一样本方差 S^2 作为总体方差 σ^2 的点估计值等。

点估计方法虽然简单，但由于未考虑到样本指标与总体指标之间客观存在着的抽样误差，也没有给出估计的概率保证程度，无法确定估计的可靠程度。因此，我们常用区间估计，实践中有许多区间估计的例子。例如，估计某地区水源污染程度达到 $70\% \sim 80\%$，植被破坏程度达到多少个百分率左右等，都是对参数作出的区间估计。但统计上进行区间估计时，不用"左右"、"大约"等词，而是要确定有明确意义的数值。

1. 置信概率和置信区间

所谓区间估计，就是按一定的概率估计总体参数在哪个范围，这个范围称为总体参数的置信区间。而区间内总体参数出现的概率称为置信概率。

对总体参数 θ 估计其取值范围，对于给定的小概率 α，有

$$P(\theta_1 < \theta < \theta_2) = 1 - \alpha \tag{3.37}$$

(θ_1, θ_2) 是参数 θ 的置信区间，α 为显著性水平，$1 - \alpha$ 为区间估计的置信度或置信水平，即置信概率，它表明判断总体参数落在置信区的可信程度。θ_1、θ_2 分别为参数的下置信限和上置信限，称为舍弃域，如图 3.19 所示。

图中所示舍弃域是双侧情况，每个舍弃域概率

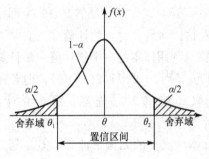

图 3.19　置信区间与置信概率的关系

为 $\alpha/2$，舍弃域如果取单侧，即舍弃域只出现在左侧或右侧，它的概率为 α。

对于特定总体，总体参数总是一个确定的值，统计量则是一个随机变量。因此，由 θ_1、θ_2 所构成的置信区间也是一个随机区间。在所有可能样本指标所构成的所有置信区间中，有的区间可能包括了总体指标，有的可能没有包括。置信度 $1-\alpha$ 的含义是，由全部样本指标所确定的所有置信区间中，有 $100(1-\alpha)\%$ 的估计区间包括了总体参数 θ，另外有 $100\alpha\%$ 的区间没有包括总体指标 θ。而对由某一样本指标所确定的具体估计区间 $(\theta_1，\theta_2)$ 来说，就是其包含 θ 的可能性（概率）为 $100(1-\alpha)\%$，不包含 θ 的可能性为 $100\alpha\%$。

置信区间的宽窄与置信概率和样本容量有关，它随着不同的置信度和样本容量而变化。置信区间若取得过大，估计精度就差，价值往往不大；而取得过小，需要大量增加样本容量，费力费时。置信区间取多大才算合适，需要根据所研究对象的性质，结合实践经验与专业知识来决定。实际应用中，α 一般取 0.01 或 0.05，如无特别指出，α 一般取 0.05。

2. 总体均值的区间估计

（1）总体方差已知时，总体均数的区间估计。

设从正态总体 $N(\mu，\sigma^2)$ 中随机抽取容量为 n 的样本，则其样本均值 $\bar{x}\sim N(\mu，\sigma^2/n)$，统计量 $u=\dfrac{\bar{x}-\mu}{\sigma/\sqrt{n}}\sim N(0,1)$，对于给定的置信度 $1-\alpha$，有

$$P(|u|<u_{a/2})=1-\alpha \tag{3.38}$$

即

$$P\left(-u_{a/2}<\frac{\bar{x}-\mu}{\sigma/\sqrt{n}}<u_{a/2}\right)=1-\alpha \tag{3.39}$$

于是得置信度为 $1-\alpha$ 时总体均值 μ 的置信区间计算公式为

$$\left(\bar{x}-u_{a/2}\frac{\sigma}{\sqrt{n}}\right)<\mu<\left(\bar{x}+u_{a/2}\frac{\sigma}{\sqrt{n}}\right) \tag{3.40}$$

或写成

$$\left(\bar{x}-u_{a/2}\frac{\sigma}{\sqrt{n}}，\bar{x}+u_{a/2}\frac{\sigma}{\sqrt{n}}\right) \tag{3.41}$$

例 3.8 根据以往资料，土壤中磷的含量服从正态分布，现对某地土壤进行采样调查，测得 9 个土壤样品中磷的平均含量为 364.3×10^{-6}，已知该土壤中磷含量的总体标准差为 99.8×10^{-6}，试估计该地土壤中磷平均含量的 95% 和 99% 置信区间。

解 $1-\alpha=0.95$ 时，$u_{a/2}=u_{0.025}=1.96$，则 μ 的 95% 置信区间为

$$\left(364.3-1.96\times\frac{99.8}{\sqrt{9}}，364.3+1.96\times\frac{99.8}{\sqrt{9}}\right)=(303.8,429.5)$$

$1-\alpha=0.99$ 时，$u_{a/2}=u_{0.005}=2.58$，则 μ 的 99% 置信区间为

$$\left(364.3-2.58\times\frac{99.8}{\sqrt{9}}，364.3+2.58\times\frac{99.8}{\sqrt{9}}\right)=(278.5,450.1)$$

即该地土壤中磷平均含量 95% 的置信区间为 $(303.8 \sim 429.5) \times 10^{-6}$；99% 的置信区间为 $(278.5 \sim 450.1) \times 10^{-6}$。

在报告结果时，可将点估计和区间估计同时写出，如本例 95% 和 99% 的置信区间可分别写成 $364.3(303.8, 429.5) \times 10^{-6}$ 和 $364.3(278.5, 450.1) \times 10^{-6}$。

如果是非正态总体或总体分布形态未知，当 σ^2 已知且样本容量 n 充分大时，总体均值 μ 的 $1-\alpha$ 置信区间可按式（3.41）近似计算。

在 Excel 中，有两个方法求总体方差已知的总体均值的置信区间。

方法一：利用 Excel 的统计函数 "NORMSINV（）" 函数求出 $Z_{\alpha/2}$，用 "AVERAGE（）" 函数求出 $\overline{X}$，然后按式 3.41 求得置信区间。

注意：用 "NORMSINV (probability)" 计算临界值时，参数应设置为：
$$probability = 1 - \alpha/2$$

本例：当 $\alpha = 0.05$ 时，$1 - \alpha/2 = 0.975$，
$$NORMSINV(0.975) = 1.96$$

$$\left(364.3 - 1.96 \times \frac{99.8}{\sqrt{9}}, \ 364.3 + 1.96 \times \frac{99.8}{\sqrt{9}}\right) \times 10^{-6} = (299.1, 429.5)$$

当 $\alpha = 0.01$ 时，$1 - \alpha/2 = 0.995$，
$$NORMSINV(0.995) = 2.575831$$

$$\left(364.3 - 2.58 \times \frac{99.8}{\sqrt{9}}, \ 364.3 + 2.58 \times \frac{99.8}{\sqrt{9}}\right) \times 10^{-6} = (278.5, 450.1)$$

方法二：利用 Excel 的统计函数 "CONFIDENCE（）" 函数求出 $Z_{\alpha/2}\frac{\sigma}{\sqrt{n}}$，用 "AVERAGE（）" 函数求出 $\overline{X}$，然后按式 3.41 求得置信区间。

本例：当 $\alpha = 0.05$ 时，
$$CONFIDENCE(0.05, 99.8, 9) = 65.20142873$$
$$(364.3 - 65.2, 364.3 + 65.20143) \times 10^{-6} = (299.1, 429.5)$$

当 $\alpha = 0.01$ 时，
$$CONFIDENCE(0.01, 99.8, 9) = 85.6893225$$
$$(364.3 - 85.7, 364.3 + 85.7) \times 10^{-6} = (278.6, 450.0) \times 10^{-6}$$

（2）总体方差 σ^2 未知时，总体均值 μ 的置信区间。

从正态总体中随机抽样，当样本容量较小且 σ^2 未知时，根据 t 分布原理，对于给定的置信度 $1-\alpha$，有

$$P(-t_{\alpha/2, v} < t < t_{\alpha/2, v}) = 1 - \alpha \tag{3.42}$$

这里 $t_{\alpha/2, v}$ 为自由度 $v = n-1$ 的 t 分布的临界值。上式即为

$$P < \left(-t_{\alpha/2, v} < \frac{\overline{x} - \mu}{s/\sqrt{n}} < t_{\alpha/2, v}\right) = 1 - \alpha \tag{3.43}$$

于是可得总体均数值 μ 的 $1-\alpha$ 置信区间为

$$\left(\overline{x} - t_{\alpha/2, v} \frac{s}{\sqrt{n}}\right) < \mu < \left(\overline{x} + t_{\alpha/2, v} \frac{s}{\sqrt{n}}\right) \tag{3.44}$$

或写成

$$\left(\overline{x} - t_{a/2,v}\,\frac{s}{\sqrt{n}}, \overline{x} + t_{a/2,v}\,\frac{s}{\sqrt{n}}\right) \tag{3.45}$$

对于非正态总体，只要样本容量 n 足够大，仍可按式（3.45）估计总体均值 μ 的置信区间。

当样本容量 n 足够大时，$t_{a/2,v}$ 与 $u_{a/2}$ 非常接近，式（3.45）中的 $t_{a/2,v}$，可近似地用 $u_{a/2}$ 代替，于是式（3.45）可近似地用式（3.46）代替，即

$$\left(\overline{x} - u_{a/2}\,\frac{s}{\sqrt{n}}, \overline{x} + u_{a/2}\,\frac{s}{\sqrt{n}}\right) \tag{3.46}$$

例 3.9　某排污口经 100 次测试，废水中 COD 平均为 100mg/L，标准差为 20mg/L，试估计该排污口废水中 COD 值的 95% 置信区间。

解　本例由于属大样本资料，查表得 $u_{0.05/2} = 1.96$，按式（3.46）计算 μ 的 95% 置信区间：

$$\left(100 - 1.96 \times \frac{20}{\sqrt{100}}, 100 + 1.96 \times \frac{20}{\sqrt{100}}\right) = (96.1, 103.9)$$

即该排污口废水中 COD 值的 95% 置信区间为（96.1～103.9）mg/L。

在 Excel 中可用 CONFIDENCE（）函数求置信区间，如本例，在单元格中输入如下公式：

＝CONFIDENCE(0.05,20,100)

返回值为 3.919927969，则置信区间为（100－3.9，100＋3.9），即（96.1，103.9）。

在 Excel 中，有两个方法求总体方差已知的总体均值的置信区间。

方法一：用函数 TINV（）、AVERAGE（）和 STDEV（）分别计算出 $t_{1/2}(n-1)$、$\overline{X}$ 和 S 的值，然后按式（3.45）计算得到置信区间。

注意：用 TINV（probability，deg_freedom）计算临界置时，probability＝α，deg_freedom＝$n-1$。

本例 TINV（0.05，100－1）＝1.9842169，则置信区间为 $\left(100 - 1.98 \times \frac{20}{\sqrt{100}}, \right.$ $\left. 100 + 1.98 \times \frac{20}{\sqrt{100}}\right)$，即（96.04，103.96）。

方法二：用分析工具库中的"描述统计"工具和式（3.45）计算得到置信区间。

注意："描述统计"结果中的"平均"是指"平均数 $\overline{X}$"，"置信度"是指"误差范围 $t_{1/2}(n-1)\frac{s}{\sqrt{n}}$"，"标准误差"是指"抽样标准误差 $\frac{s}{\sqrt{n}}$"。

例 3.10　为检查某湖水受汞污染情况，从该湖中随机取 9 条鱼龄相近的鱼，测得鱼胸肌中汞含量平均为 2.01×10^{-6}，标准差为 0.11×10^{-6}，试求该湖鱼胸肌中汞含量的 95% 及 99% 置信区间。

解　由临界值表得，$t_{0.05/2,8} = 2.306$，$t_{0.01/2,8} = 3.355$。

$1-\alpha=0.95$ 时，μ 的置信区间按式（3.45）计算：

$$\left(2.01-2.306\times\frac{0.11}{\sqrt{9}},\ 2.01+2.306\times\frac{0.11}{\sqrt{9}}\right)=(1.925,2.095)$$

$1-\alpha=0.99$ 时，μ 的置信区间则为

$$\left(2.01-3.355\times\frac{0.11}{\sqrt{9}},\ 2.01+3.355\times\frac{0.11}{\sqrt{9}}\right)=(1.887,2.133)$$

即该湖的鱼胸肌中汞含量的 95% 置信区间为 $(1.925\sim2.095)\times10^{-6}$，99% 置信区间为 $(1.887\sim2.133)\times10^{-6}$。

在单元格中输入如下公式：

=CONFIDENCE(0.05,0.00000011,9)

返回值为 7.18653E-08，则置信区间为 $(2.01-0.07,2.01+0.07)\times10^{-6}$，即 $(1.94,2.08)\times10^{-6}$。

在单元格中输入如下公式：

=CONFIDENCE(0.01,0.00000011,9)

返回值为 9.44471E-08，则置信区间为 $(2.01-0.094,2.01+0.094)\times10^{-6}$，即 $(1.924,2.104)\times10^{-6}$。

3.3.1.3　两个总体均值之差的区间估计

（1）两总体方差 σ_1^2 和 σ_2^2 已知时，两个总体均值之差的区间估计。

设来自两个正态总体的样本均值 $\overline{x}_1$ 和 $\overline{x}_2$，它们的样本容量分别为 n_1 和 n_2，根据两样本均值之差的抽样分布理论有

$$(\overline{x}_1-\overline{x}_2)\sim N\left(\mu_1-\mu_2,\frac{\sigma_1^2}{n_1}+\frac{\sigma_2^2}{n_2}\right)$$

$$u=\frac{(\overline{x}_1-\overline{x}_2)-(\mu_1-\mu_2)}{\sqrt{\dfrac{\sigma_1^2}{n_1}+\dfrac{\sigma_2^2}{n_2}}}\sim N(0,1)$$

若选定置信概率 $1-\alpha$，则有

$$P\left[-u_{a/2}<\frac{(\overline{x}_1-\overline{x}_2)-(\mu_1-\mu_2)}{\sqrt{\dfrac{\sigma_1^2}{n_1}+\dfrac{\sigma_2^2}{n_2}}}<u_{a/2}\right]=1-\alpha \tag{3.47}$$

于是置信度为 $1-\alpha$ 时，$\mu_1-\mu_2$ 的置信区间为

$$\left[(\overline{x}_1-\overline{x}_2)-\mu_{a/2}\sqrt{\frac{\sigma_1^2}{n_1}+\frac{\sigma_2^2}{n_2}}<(\mu_1-\mu_2)<\left[(\overline{x}_1-\overline{x}_2)+\mu_{a/2}\sqrt{\frac{\sigma_1^2}{n_1}+\frac{\sigma_2^2}{n_2}}\right]\right. \tag{3.48}$$

上式中 $\sqrt{\dfrac{\sigma_1^2}{n_1}+\dfrac{\sigma_2^2}{n_2}}$ 是 $\overline{x}_1-\overline{x}_2$ 的抽样分布之标准差，用 $\sigma_{\overline{x}_1-\overline{x}_2}$ 表示，称为两均值之差的标准误，表示由 $\overline{x}_1-\overline{x}_2$ 估计 $(\mu_1-\mu_2)$ 的抽样误差。

如果两总体方差未知，当所抽取的样本容量 n_1 和 n_2 均足够大时，可以近似地用 s_1^2 和 s_2^2 代替式中的 σ_1^2 和 σ_2^2 计算两总体均值差的置信区间。即

$$\left[(\bar{x}_1 - \bar{x}_2) - \mu_{a/2}\sqrt{\frac{s_1^2}{n_1} + \frac{s_2^2}{n_2}}\right] < (\mu_1 - \mu_2) < \left[(\bar{x}_1 - \bar{x}_2) + \mu_{a/2}\sqrt{\frac{s_1^2}{n_1} + \frac{s_2^2}{n_2}}\right] \quad (3.49)$$

例 3.11 总体 $X_1 \sim N(\mu_1, 2.18^2)$，$X_2 \sim N(\mu_2, 1.76^2)$，从总体 X_1 和 X_2 中分别用重复抽样方法抽取 $n_1 = 200$ 和 $n_2 = 100$ 的简单随机样本，经计算 $\bar{x}_1 = 6.8$，$\bar{x}_2 = 5.7$。试以 95% 的置信度估计 $\mu_1 - \mu_2$ 的置信区间。

解 按式 (3.48) 计算 $1 - \alpha = 0.95$ 时 $\mu_1 - \mu_2$ 的置信区间

$$\left[(6.8 - 5.7) - 1.96 \times \sqrt{\frac{2.18^2}{200} + \frac{1.76^2}{100}}\right] < (\mu_1 - \mu_2)$$

$$< \left[(6.8 - 5.7) + 1.96 \times \sqrt{\frac{2.18^2}{200} + \frac{1.76^2}{100}}\right]$$

$$(1.1 - 0.459) < \mu_1 - \mu_2 < (1.1 + 0.459)$$

$$0.641 < \mu_1 - \mu_2 < 1.559$$

即两总体均值之差 $\mu_1 - \mu_2$ 的 95% 置信区间为 (0.641，1.559)。

(2) 两总体方差 σ_1^2 和 σ_2^2 未知，但 $\sigma_1^2 = \sigma_2^2$ 时 $\mu_1 - \mu_2$ 的置信区间。

设从方差均为 σ^2 的两正态总体中随机抽取容量分别为 n_1 和 n_2 的样本，当 σ^2 未知时，则有统计量

$$t = \frac{(\bar{x}_1 - \bar{x}_2) - (\mu_1 - \mu_2)}{\sqrt{\frac{(n_1-1)s_1^2 + (n_2-1)s_2^2}{n_1 + n_2 - 2}\left(\frac{1}{n_1} + \frac{1}{n_2}\right)}} \sim t_{n_1+n_2-2}$$

若选定置信概率 $1 - \alpha$，则有

$$P\{[(\bar{x}_1 - \bar{x}_2) - t_{a/2,v}s_{\bar{x}_1-\bar{x}_2}] < (\mu_1 - \mu_2) < [(\bar{x}_1 - \bar{x}_2) + t_{a/2,v}s_{\bar{x}_1-\bar{x}_2}]\} = 1 - \alpha$$

$$(3.50)$$

于是 $\mu_1 - \mu_2$ 的 $1 - \alpha$ 置信区间为

$$\left[(\bar{x}_1 - \bar{x}_2) - t_{a/2,v}s_{\bar{x}_1-\bar{x}_2}\right] < (\mu_1 - \mu_2) < \left[(\bar{x}_1 - \bar{x}_2) + t_{a/2,v}s_{\bar{x}_1-\bar{x}_2}\right] \quad (3.51)$$

式中 $t_{a/2,v}$ 为自由度 $v = \mu_1 + \mu_2 - 2$ 时的 t 界值，$s_{\bar{x}_1-\bar{x}_2} = \sqrt{\frac{(n_1-1)s_1^2 + (n_2-1)s_2^2}{n_1+n_2-2}\left(\frac{1}{n_1} + \frac{1}{n_2}\right)}$ 是两均值差的标准误 $\sigma_{\bar{x}_1-\bar{x}_2}$ 的估计值，表示此时由 $\bar{x}_1 - \bar{x}_2$ 估计 $\mu_1 - \mu_2$ 时的抽样误差。

例 3.12 已知某造纸厂废水中悬浮物连续排放服从正态分布。1月份对废水抽样监测8次，测得废水悬浮物含量平均为 22.5mg/L，2月份又抽样测定8次，测得废水中悬浮物平均含量为 17.8mg/L，1月份和2月份测定结果的标准差分别为 8.3mg/L 和 7.6mg/L。试求两个月废水中悬浮物平均差值的 95% 置信区间。

解

$$s_{\bar{x}_1-\bar{x}_2} = \sqrt{\frac{(8-1) \times 8.3^2 + (8-1) \times 7.6^2}{8+8-2}\left(\frac{1}{8} + \frac{1}{8}\right)} = 3.98$$

$$v = 8 + 8 - 2 = 14$$

$$a = 0.05, t_{0.05/2,14} = 2.145$$

$\mu_1 - \mu_2$ 的置信区间按式 (3.51) 计算：

$$(4.7 - 2.145 \times 3.98) < (\mu_1 - \mu_2) < (4.7 + 2.145 \times 3.98)$$

$$-3.8 < (\mu_1 - \mu_2) < 13.2$$

即该厂1月与2月废水中悬浮物平均含量差的95%置信区间为（-3.8，13.2）。

3.3.2 回归分析法

在对环境数据进行统计分析的时候，常常要探讨各种量之间的相互关系，建立各类变量之间的各种联系。一般而言，这种量之间的相互关系可以分成两大类，一类是确定性的联系，一类是非确定性的联系。确定性的联系一般以确定的函数关系表示，这种联系在各门学科中大量存在。例如，理想气体的温度 T、体积 V、压力 P 之间的联系是以如下确定的函数关系相联系的：$PV = nRT$。非确定性的联系，通常由于变量受一些随机因素的影响，使诸变量之间的关系不是唯一确定的。但是在这些变量之间存在一定的统计关系，从大量的试验或统计中，我们能找到这些变量之间的某种规律性。这种规律性虽然不是某种确定的因果关系，但是对于我们认识事物的规律性却是很有帮助的。回归分析正是我们解决这类问题的有用方法。由一个或一组随机变量来估计或预测另一个或一组随机变量的值所建立的数学模型及所做的统计分析称之为回归分析。这就是说，回归分析的任务是寻找诸变量之间所服从的统计关系或数学模型，关且要确定做出这种统计关系时的准确度有多大。

3.3.2.1 一元线性回归方程的建立

一元线性回归是回归分析中最简单也是最常用的回归问题。一元线性回归要解决的是两个变量之间，并且这两个变量之间的关系表现为具有线性关系的问题。

确定两个变量之间的相互关系，最简单和最直观的方法是在坐标纸上作图。我们将两个变量中的一个变量 X 作为自变量，另一个变量 Y 作为因变量，对应两个变量的每一组数据（x_i，y_i）在图中以一个点表示，这种图称为散点图。从散点图中可以看出两个变量之间的大致关系。

例 3.13 某生产过程中，排放污染物的温度与浓度的实际测定值见表 3.4，由这些测定值作散点图，并观察温度和浓度之间的关系。

由表 3.3 实际测定的数据，在坐标纸上做成散点图，如图 3.20 所示。

表 3.4　温度与浓度的关系

温度 x_i/℃	45	50	55	60	65	70	75	80	85	90
污染物浓度 y_i/%	43	45	48	51	55	57	59	63	66	68

由图 3.20 可以看出，在所测得的实验数据范围内，污染物排放浓度与温度两个变量大致成直线关系。由散热点图发现两变量具有某种直线关系，我们自然想到可以用直线方程来表示变量 X 和变量 Y 之间的关系：

$$\hat{Y} = a + bX \tag{3.52}$$

式（3.52）称为变量 X 和变量 Y 的回归方程，a、b 为回归方程中的参数，也称为回归系数。由于对应于因变量 Y 的自变量 X 为一个，并且 X 和 Y 之间为线性关系，则式（3.52）称为一元线性回归方程。如果能够根据实际监测数据确定参数 a 和

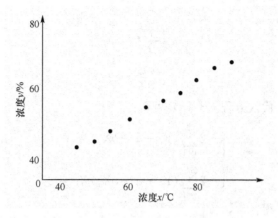

图 3.20 污染物排放浓度与温度关系

b，那么直线方程完全确定。但是我们知道平面上的直线有无穷多条，因此，可以做出很多条直线来表示变量 X 和变量 Y 之间的关系。因而我们必须建立一种方法能够从许多直线中找出一条最接近所以实验数据的直线，这条直线是我们所需要的回归直线。

从实验数据中得到最佳拟合直线，即回归直线，通常采用的方法是最小二乘法。用最小二乘法解得的回归直线来表示变量 X 和变量 Y 之间的关系时，所产生的误差比其他任何直线都要小。下面介绍如何用最小二乘法确定回归方程。

一般地说，自变量 X 和变量 Y 的对应测定值可表示如表 3.5 所示。

表 3.5 自变量 X 和变量 Y 对应测量值

X	X_1	X_2	...	X_n
Y	Y_1	Y_2	...	Y_n

表示变量 X 和变量 Y 间直线关系的回归方程可记为

$$\hat{Y}_i = a + bX_i \tag{3.53}$$

则观察所得的测定值与根据方程（3.53）计算所得的计算值之间存在的误差 δ_i 可表示为

$$\delta_i = Y_i - \hat{Y}_i = Y_i - a - bX_i \tag{3.54}$$

则对所有测定值与计算值之间的误差平方总和可表示为

$$Q = \sum_{i=1}^{n} \delta_i^2 = \sum_{i=1}^{n} (Y_i - a - bX_i)^2 \tag{3.55}$$

式（3.55）中，总误差之所用平方和的形式表示是因为每个测定值与计算值之间的差值有正有负。若将误差单纯相加，由于正负误差抵消使所得到的总误差不能代表实际的总误差。而平方总和的形式能避免这个问题，并平方和的形式在数学运算中也较为简单，因而总误差用平方和的形式来表示。所谓最小二乘法，就是要求总误差在平方和最小意义下，得到回归方程（3.52）中的参数 a 和 b。

根据数学分析求极值的原理，保证总误差平方和最小的回归方程中参数 a、b 应满足下列方程组：

$$\begin{cases} \dfrac{\partial Q}{\partial a} = 0 \\ \dfrac{\partial Q}{\partial b} = 0 \end{cases} \tag{3.56}$$

将方程（3.55）代入方程（3.56）可得：

$$\begin{cases} -2\sum_{i=1}^{n}(Y_i - a - bX_i) = 0 \\ -2\sum_{i=1}^{n}(Y_i - a - bX_i)X_i = 0 \end{cases} \tag{3.57}$$

解方程（3.57）得：

$$\begin{cases} a = \dfrac{\sum_{i=1}^{n}Y_i}{n} - b\dfrac{\sum_{i=1}^{n}X_i}{n} = \overline{Y} - b\overline{X} \\ b = \dfrac{\sum_{i=1}^{n}X_iY_i - n\overline{X}\,\overline{Y}}{\sum_{i=1}^{n}X_i^2 - n\overline{X}^2} \end{cases} \tag{3.58}$$

式（3.58）中，$\overline{X}$ 和 $\overline{Y}$ 分别为 X 和 Y 实测值的平均值。

求解得到了回归系数 a 和 b，即确定了回归方程（3.52）。在实际运算中，为了计算方便，可设

$$\begin{cases} l_{xx} = \sum_{i=1}^{n}X_i^2 - \dfrac{1}{n}\Big(\sum_{i=1}^{n}X_i\Big)^2 = \sum_{i=1}^{n}X_i^2 - n\overline{X}^2 \\ l_{yy} = \sum_{i=1}^{n}Y_i^2 - \dfrac{1}{n}\Big(\sum_{i=1}^{n}Y_i\Big)^2 = \sum_{i=1}^{n}Y_i^2 - n\overline{Y}^2 \\ l_{xy} = \sum_{i=1}^{n}X_iY_i - \dfrac{1}{n}\Big(\sum_{i=1}^{n}X_i\Big)\Big(\sum_{i=1}^{n}Y_i\Big) = \sum_{i=1}^{n}X_iY_i - n\overline{X}\,\overline{Y} \end{cases} \tag{3.59}$$

则有

$$\begin{cases} b = \dfrac{l_{xy}}{l_{xx}} \\ a = \overline{Y} - b\overline{X} \end{cases} \tag{3.60}$$

方程（3.60）具体计算步骤通常是列表进行的，以例 3.7 为例，具体介绍回归方程中回归系数的计算过程（表 3.6）。

表 3.6 回归直线方程计算表

样品序号	温度/℃	浓度/%	X^2	Y^2	XY
1	45	43	2025	1849	1935
2	50	45	2500	2025	2250
3	55	48	3035	2304	2640
4	60	51	3600	2601	3060

续表

样品序号	温度/℃	浓度/%	X^2	Y^2	XY
5	65	55	4225	3025	3575
6	70	57	5625	3481	4425
7	75	59	4900	3249	3990
8	80	96	6400	3969	5040
9	85	66	7225	4356	5610
10	90	68	8100	4624	6120
$\sum$	675	555	47625	31483	38645
均值	67.5	55.5	—	—	—

则由式（3.59）有

$$l_{xy} = 38645 - 10 \times 67.5 \times 55.5 = 1182.5$$
$$l_{xx} = 47625 - 10 \times 67.5^2 = 2062.5$$
$$l_{xy} = 31483 - 10 \times 55.5^2 = 680.5$$

将上述结果代入式（3.60）得

$$\begin{cases} b = \dfrac{l_{xy}}{l_{xx}} = \dfrac{1182.5}{2062.5} = 0.573 \\ a = \overline{Y} - b\overline{X} = 55.5 - 0.573 \times 67.5 = 16.82 \end{cases}$$

则最终可得回归方程：

$$Y = 16.82 - 0.573X \tag{3.61}$$

3.3.2.2　一元线性回归方程的统计检验

前面通过计算建立了两个变量之间的一元线性回归方程。从计算过程中，细心的读者可以注意到，回归方程的建立对于变量 X 和 Y 之间的相互关系，并没有任何要求。这就是说，回归方程的建立过程，并没有解决变量 X 和 Y 之间是否存在统计意义下的真实的线性相关关系问题。为了检验判断变量 X 和 Y 之间是否确实存在线性相关关系，需要对回归方程进行统计检验。

1. 相关系数及其显著性检验

相关系数是反映两变量之间线性相关程度的量，通常用字母 γ 表示。从统计意义上讲，当两变量之间的线性相关程度大于某一程度时，才能认为所得到的回归方程在统计上是有意义的，因此，相关系数可作为一个指标判断回归方程在统计上是否有意义。

记变量 X 和 Y 的 n 对测定值有 X_i 和 $Y_i(i=1,2,\cdots,n)$，其平均值为 $\overline{X}$ 和 $\overline{Y}$，变量 X 和 Y 间相关系数的定义为

$$\gamma = \frac{\sum\limits_{i=1}^{n}(X_i - \overline{X})(Y_i - \overline{Y})}{\sqrt{\sum\limits_{i=1}^{n}(X_i - \overline{X})^2(Y_i - \overline{Y})^2}} \tag{3.62}$$

为了计算方便，式（3.62）可表示为

$$\gamma = \frac{l_{xy}}{\sqrt{l_{xx}l_{yy}}} \tag{3.63}$$

相关系数的取值范围 $0 \leqslant |\gamma| \leqslant 1$，当 $|\gamma| = 1$ 时，所有的测定值全部落在回归直线上，称为完全线性相关；当 $|\gamma| = 0$ 时，所有测定值在散点图上毫无规则的分布，称全无线性相关。$|\gamma|$ 值越接近 1，变量 X 和 Y 的线性相关程度越大。

附表 2 给出了在不同显著水平下，判别两变量之间线性相关临界值。当计算所得相关系数 $|\gamma|$ 大于表中相应的值时，所建立的回归方程才有意义。γ 的值可能为正值或负值，只要其绝对值大于表中相应的判别值时，可认为两变量 X 和 Y 是显著相关的。只是当 γ 为正值时，称 X 和 Y 正相关，γ 为负值时，称 X 和 Y 负相关。

对用例 3.6 中的数据建立的回归方程（3.61），用相关系数检验温度和浓度两变量之间的相关性。

（1）建立统计假设，假设 H_0：变量 X（温度）和 Y（浓度）线性相关。

（2）选择确定显著性水平 α，选 $\alpha = 0.01$。

（3）计算统计量：

$$\gamma = \frac{l_{xy}}{\sqrt{l_{xx}l_{yy}}} = \frac{1182.5}{\sqrt{2062.5 \times 680.5}} = 0.998$$

（4）确定临界值 y_α 在显著性水平 $\alpha = 0.01$，自由度 $n - 2 = 8$ 时，查附表 2，得临界值 $y_\alpha = 0.765$。

（5）统计判别由于 $y = 0.998$ 大于临界值 $y_\alpha = 0.765$，则在显著性水平 $\alpha = 0.01$ 的条件下，接受假设 H_0，即变量 X（温度）和 Y（浓度）是显著线性相关的。

2. 回归方程的统计检验

为了说明回归方程在统计上是否有意义，需要对回归方程进行统计检验。对回归方程进行统计检验的思路是比较所得到的回归直线与实际观察值的接近程度。为了定量与判别实现观察值与回归直线的接近程度，我们用因变量 Y 的观察值与平均值之差 $Y_i - \overline{Y}$，即离差来表示因变量的波动程度。总的波动程度可用所有观察值的离差平方和表示：

$$S_{总} = \sum_{i=1}^{n} (Y_i - \overline{Y})^2 \tag{3.64}$$

式中，$S_{总}$ 称为因变量 Y 的总离差平方和，总离差平方和 $S_{总}$ 是由两个方面原因引起的，一是自变量 X 的取值不同；另一原因是实验观察过程中，各种其他因素的影响。因此可以将总离差平方和 $S_{总}$ 分解成两个部分。

$$\begin{aligned}
S_{总} &= \sum_{i=1}^{n} (Y_i - \overline{Y})^2 \\
&= \sum_{i=1}^{n} [(Y_i - \hat{Y}_i) + (\hat{Y}_i - \overline{Y})]^2
\end{aligned}$$

$$= \sum_{i=1}^{n} (Y_i - \hat{Y}_i)^2 + \sum_{i=1}^{n} (\hat{Y}_i - \overline{Y})^2 + 2\sum_{i=1}^{n} (Y_i - \hat{Y}_i)(\hat{Y}_i - \overline{Y})$$

上式中右边第三项为 0，则有

$$S_{总} = \sum_{i=1}^{n} (Y_i - \overline{Y})^2 + \sum_{i=1}^{n} (\hat{Y}_i - \overline{Y})^2 \qquad (3.65)$$

记为

$$U = \sum_{i=1}^{n} (\hat{Y}_i - \overline{Y})^2$$

$$Q = \sum_{i=1}^{n} (Y_i - \hat{Y}_i)^2$$

则

$$S_{总} = Q + U \qquad (3.66)$$

式（3.65）中，Q 称为残差平方和，它的大小反映了实验过程中各种随机因素引起的波动对总离差平方和的贡献。U 称为回归平方和，它是由自变量取值不同引起总离差平方和的变化。图 3.21 表示实验数据与回归直线的离差 $Y_i -$ $\hat{Y}_i$、回归直线与平均值差 $\hat{Y}_i - \overline{Y}$ 和总离差 $Y_i - \overline{Y}$ 之间的关系，从而可以了解总离差平方和、残差平方和和回归平方和的意义和相互关系。

对一组观察数据而言，由于自变量 X 的取值已定，则回归平方和 U 也为定值。残差平方和 Q 的大小则反映了除自变量取值以外所有因

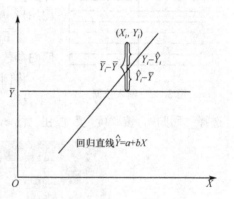

图 3.21 总离差的分解示意图

素对总离差平方和的影响。当残差平方和 Q 在总离差平方和中所占的比例越小时，或者说回归平方和 U 在总离差平方和中所占比例越大时，回归方程与观察结果的拟合程度越好。定义一个统计判别量 F 来反映 U 和 Q 的相互比例关系并用于回归方程的统计检验：

$$F = \frac{\dfrac{U}{m}}{\dfrac{Q}{n-m-1}} \qquad (3.67)$$

式（3.66）中，m 为回归变量的自由度，即自变量的数目；n 为观察值的组数；$n-m-1$ 为残差平方和的自由度。对一元回归而言，$m=1$，则式（3.67）可简化为

$$F = \frac{U}{\dfrac{Q}{n-2}}$$

以由例 3.13 中的数据得到的回归方程（3.61）为例，介绍回归方程统计检验的步骤。

（1）建立统计假设。

假设 H_0：变量 Y 与变量 X 之间没有线性关系。

假设 H_1：变量 Y 与变量 X 之间存在线性关系。

（2）选择显著性水平 α，选 $\alpha=0.01$。

（3）计算统计量：

$$F=\frac{U}{\dfrac{Q}{n-2}}=\frac{669.68}{\dfrac{2.58}{10-2}}=2076.6$$

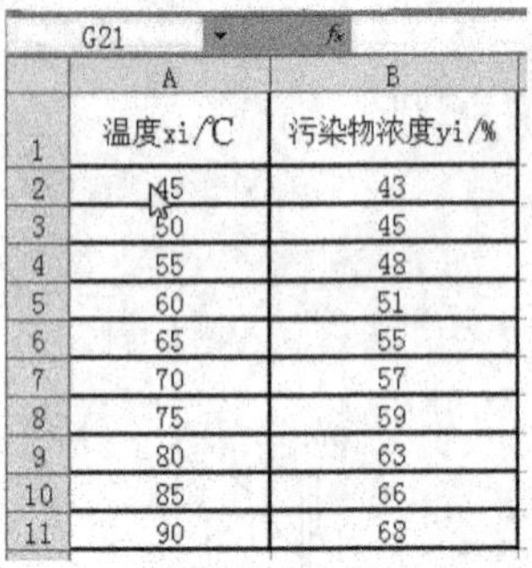

（4）确定临界值 F。在显著性水平 $\alpha=0.01$ 条件下，在附表 5 中查得自由度 $df_1=1$，$df_1=10-2=8$ 的临界值 $F_\alpha=11.26$。

（5）统计判别 $F>F_\alpha$，否定假设 H_0，接受假设 H_1，即变量 Y 和变量 X 之间的线性关系是显著的，方程 (3.61) 从统计意义上讲是合理的。

在 Excel 中可使用分析数据库中的"回归"工具进行回归参数的计算和检验。其操作过程如下：

将例 3.13 的数据输入 Excel 工作表（图 3.22），单击"工具"－"数据分析……"，在"数据分析"对话框中，

	A	B
	温度xi/℃	污染物浓度yi/%
1		
2	45	43
3	50	45
4	55	48
5	60	51
6	65	55
7	70	57
8	75	59
9	80	63
10	85	66
11	90	68

图 3.22　输入数据

选择"回归"，按"确定"按钮（图 3.23），得到如图 3.24 所示结果。

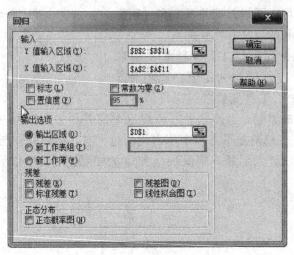

图 3.23　回归对话框

图中，第一个表为"回归统计表"，给出了相关系数、决定系数、标准误差等值。

第二个表为"方差分析"表，给出了总体回归关系的显著性检验值。

第三个表为"参数估计"表，给出了回归系数的显著性检验值。

回归关系的显著性检验有以下两种方法：

方法一：由将回归分析结果的"方差分析"表中的"Significance F"（即 F 统计量的显著性水平，也称 P 值）与给定的显著性水平 α 进行比较，当"Significance F"$<\alpha$

D	E	F	G	H	I	J	K	L
SUMMARY OUTPUT								
回归统计								
Multiple R	0.998136888	=CORREL(B2:B11,A2:A11)		相关系数				
R Square	0.996277247	=RSQ(B2:B11,A2:A11)		决定系数=相关系数的平方				
Adjusted R Square	0.995811903							
标准误差	0.562731434	=STEYX(B2:B11,A2:A11)						
观测值	10	=COUNT(B2:B11)		样本数				
方差分析	自由度	残差平方和		F检验值	F的显著度			
	df	SS	MS	F	Significance F			
回归分析	1	677.9666667	677.9666667	2140.947368	5.25972E-11			
残差	8	2.533333333	0.316666667					
总计	9	680.5						
	Coefficients	标准误差	t Stat	P-value	Lower 95%	Upper 95%	下限 95.0%	上限 95.0%
Intercept	16.8	0.855109421	19.64660849	4.68639E-08	14.82811414	18.77188586	14.82811414	18.77188586
X Variable 1	0.573333333	0.012390938	46.27037247	5.25972E-11	0.544759778	0.601906888	0.544759778	0.601906888

图 3.24　回归结果

时，拒绝原假设 H_0，接受备择假设 H_1；当 "Significance F" $>\alpha$ 时，接受原假设 H_0。

方法二：将回归分析结果的"方差分析"表中的 F 值（即 F 统计量值）与临界值 F_α $(1, n-2)$ 进行比较，当 $F > F_\alpha$ $(1, n-2)$ 时，拒绝原假设 H_0，接受备择假设 H_1；当 $F \leqslant F_\alpha$ $(1, n-2)$ 时，接受原假设 H_0。

$$临界值\ F_\alpha\ (1,\ n-2) = FINV\ (\alpha,\ 1,\ n-2)$$

回归系数的显著性检验有以下两种方法：

方法一：由将回归分析结果的"参数估计"表中的自变量 x 的 "P-value"（即 P 值）与给定的显著性水平 α 进行比较，当 "P-value" $<\alpha$ 时，拒绝原假设 H_0，接受备择假设 H_1；当 "P-value" $>\alpha$ 时，接受原假设 H_0。

方法二：将回归分析结果的"参数估计"表中的自变量 x 的 "t Stat" 值（即 t 统计量值）与临界值 $t_{\alpha/2}$ $(n-2)$ 进行比较，当 $|t| > t_{\alpha/2}$ $(n-2)$ 时，拒绝原假设 H_0，接受备择假设 H_1；当 $|t| \leqslant t_{\alpha/2}$ $(n-2)$ 时，接受原假设 H_0。

$$临界值\ t_{\alpha/2}\ (n-2) = TINV\ (\alpha,\ n-2)$$

因为在一元线性回归分析中，自变量只有一个，所以 F 检验和 t 检验是等价的，我们只需进行一种检验即可。但在多元线性回归分析中，这两种检验有着不同的意义，F 检验是检验总体回归关系的显著性，而 t 检验是检验各个回归系数的显著性，它们并不是等价的，需分别进行检验。

本例得到该回归的相关系数为 0.9981，F 显著度 $=5.26 \times 10^{-11} < 0.05$，说明温度与污染浓度之间关系显著。

回归方程的截距为 16.8，斜率为 0.573，即回归方程为 $y=0.573x+16.8$。

如果仅需计算回归参数，可用函数 "=SLOPE (known_y's, known_x's)" 计算线性回归方程的斜率，用函数 "= INTERCEPT (known_y's, known_x's)" 计算线性回归方程的截距，用函数 "= CORREL (array1, array2)" 计算相关系数。

如果既要计算回归参数，又需绘制回归直线图，更简单地只需先绘制散点图，然后对散点图添加趋势线（同时附加回归方程和相关系数）。

将光标置于数据区，单击工具栏上的"图表向导"按钮，选择"散点图"后单击

"完成"按钮；鼠标右击任一散点，在弹出的快捷菜单中选择"添加趋势线"，在"添加趋势线"对话框中的"类型"页中选择趋势线"类型"为"线性"；单击"选项"标签，勾选"显示公式"和"显示R平方值"，单击"确定"按钮，如图3.25所示。

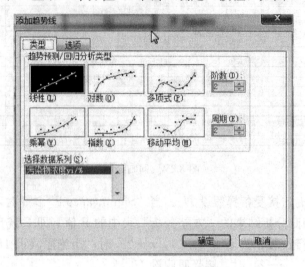

图 3.25 添加趋势线

 思考与练习

1. 已知 u 服从标准正态分布 $N(0,1)$，查表计算下列各题的概率值：

(1) $P(0.3 < u \leqslant 1.8)$。

(2) $P(-1 < u \leqslant 1)$。

(3) $P(-2 < u \leqslant 2)$。

(4) $P(-1.96 < u \leqslant 1.96)$。

(5) $P(-2.58 < u \leqslant 2.58)$。

2. 某湖水硝酸盐氮含量（mg/L）测定结果如下：

0.08	0.06	1.01	0.99	0.10	0.16	0.18	0.88	0.90	0.20	0.32
0.50	0.78	0.33	0.42	0.55	0.79	0.41	0.49	0.54	0.22	0.40
0.85	0.53	0.29	0.38	0.48	0.63	0.27	0.34	0.19	0.44	0.66
0.35	0.46	0.65	0.61	0.34	0.49	0.38	0.77	0.52	0.62	0.70
0.42	0.53	0.60	0.72	0.31	0.50	0.58	0.36	0.47	0.56	0.76
0.68	0.47	0.54	0.55	0.65	0.49	0.63	0.67	0.74	0.49	0.64
0.62	0.60	0.43	0.59	0.73	0.66	0.41	0.44	0.59	0.58	0.46
0.60	0.68	0.36								

(1) 编制频数分布表并绘制直方图，简述其分布特征。

(2) 计算均值 $\bar{x}$，标准差 s，变异系数 CV。

3. 正态分布曲线有哪些特征？μ 和 σ 对正态分布曲线有何影响？

4. 从某总体中抽取一个容量为 5 的样本，测得样本值为 417.3，418.1，419.4，420.1，421.5，求样本均值、样本方差、变异系数。

5. 某地对污水灌区 9 眼水井取样测定地下水中氯化物的含量（mg/L），测定结果如下：175.3，205.0，190.2，183.6，150.4，178.5，195.5，180.4，172.5。试估计其总体均值的 95% 和 99% 置信区间。

6. 测定某废水中氰化物浓度得到下列数据：$n=4$，$\bar{x}=15.30$mg/L，$s=0.1$mg/L。求其总体均值的 95% 和 99% 置信区间。

7. 某单位用碘量法和极普法同时测定污水中的溶解氧，测定结果如下表。试分析两种方法测定结果是否存在直线相关关系？

碘量法/(mg/L)	2.27	2.07	1.58	1.29	0.76	0.66	0.33
极普法/μA	3.2	3.1	2.8	2.7	2.4	2.3	2.1

8. 某实验室测得已知含量的砷标准溶液的吸光度，结果如下表，求回归方程并绘出回归直线。

标准管号	1	2	3	4	5	6
砷含量/μg	0	2	4	6	8	10
吸光度	0.015	0.105	0.205	0.290	0.380	0.470

第4章 环境统计检验

4.1 统计检验的基本概念

1. 基本概念

在分析整理环境数据时，经常会遇到以下的几类问题：

（1）环境科研和监测工作中所获得的一组数据，个别值与平均值偏差较大，这些值是否合理？是否应该舍弃？

（2）一组环境数据有何规律？服从什么样的概率分布？

（3）在两种不同的条件下，例如某地区供热锅炉改造前和改造后，获得两组监测数据。需要做出判断，这两组数据的差异是由于随机因素引起的偶然误差还是存在明显的差异？即锅炉改造对环境质量是否产生了明显的影响？

（4）根据某地区的环境监测数据，回答该地区环境质量是否满足环境质量标准？

要解决这些问题，就需要用统计检验的方法，对科研和监测所得到的数据进行统计分析，在保证犯错误的可能性小于某个概率（例如 5% 或 1%）的条件下，对需要做出判断的问题做出明确回答。

统计检验又称作假设检验，或统计假设检验。假设检验的理论数据是"小概率原理"，即小概率事件在一次实验中，几乎是不可能发生的。在假设 H_0 成立的条件下，计算某一事件 A 出现的概率，例如算得 $P=0.01$，这个概率很小，根据"小概率原理"，就使人怀疑此假设的正确性，因而就要否定 H_0。那么，概率小到什么程度才能当作小概率事件呢？通常把概率 $P \leqslant 0.05$ 的事件当作"小概率事件"。从理论上讲，小概率事件并非不可能事件，但由于小概率事件发生的可能性很小，故在实际应用时常将小概率事件视为不可能事件。

假设检验的思想也是反证法的思想。即先假设这个假设是成立的，然后观察由此会导致什么样的结果。如果结果合理，则认为假设是正确的；如果导致了不合理的现象出现（小概率事件发生），则认为原先的假设是不正确的，因此拒绝这个假设。这与数学上的反证法十分类似，但类似并非意味着相同。在数学上若假定 $x=x_0$，导致结果错误，则可以十分肯定地说假定错误，应该是 $x \neq x_0$。而统计假设检验则有所不同，若假设导致的结果不合理，往往不是绝对的，因而不能十分肯定地说假设是错误的，只能说假设在一定程度上是不能接受的。

2. 统计检验的基本步骤

（1）建立统计假设。针对需要做出判断的问题，假设其具有或不具有某种性质。通常用 H_0 表示待检验的基本假设，称作原假设；用 H_1 表示对立假设或备选假设，即当 H_0 被否定时将接受的假设。

基本假设和备选假设的设立有两种类型。一类是我们只检验待判断问题的某种性质是否与某一特定性质相同，如总体的均值 μ 是否等于某一特定值 μ_0，而不关心二者的大小，则假设 H_0 为 $\mu=\mu_0$，H_1 为 $\mu\neq\mu_0$。它意味着无论 μ 大于或者小于 μ_0，都将否定假设 H_0，因而称作双侧检验。另一类是检验 μ 值大于或者小于某一特定数值 μ_0，则假设 H_0 为 $\mu\geq\mu_0$，H_1 为 $\mu<\mu_0$（或 H_0 为 $\mu\leq\mu_0$，H_1 为 $\mu>\mu_0$）。它意味着只有当 μ 小于（或大于）μ_0 时将否定假设 H_0，因而称作单侧检验。

（2）选择判别假设成立与否的显著性水平。由于统计检验对所判别问题的判断是在一定概率保证下做出的，因而必须给出概率保证的水平，即显著性水平，通常用 α 表示。进行统计检验时，显著性水平常选用 $\alpha=0.01$ 或 $\alpha=0.05$ 两种。

（3）选择合适的统计计算方法。进行计算统计检验时，由于所需判断的问题的性质各异，需要选择合适的统计计算公式进行计算。

（4）对统计假设做出判断。通常统计学家已计算出各种判别统计结果的临界值表，根据统计计算结果与相应显著性水平的临界值比较即可判断统计假设成立与否。

由上面介绍的统计判断步骤可知，在做出判断时有可能犯两类性质的错误。一类是事情本身成立，即假设 H_0 是真实的，而我们却判断其不成立，否定了假设 H_0，称作"去真"错误或第一类错误；另一类是事情本身不成立，即假设 H_0 是错误的，而我们判断其成立，接受了假设 H_0，称作"存伪"错误或第二类错误。为了防止犯这两类错误，可以将显著性水平 α 选得很小，例如 $\alpha=0.001$，但即便如此，也仍然存在犯上述两类错误的可能，只是犯错误的可能性更小一些。

4.2 离群值的检验

在分析一组环境数据时，常常会发现某些离群值。顾名思义，离群值与其他数值在数量上有较显著的差异。离群值又称异常值、可疑值或极端值。离群值的产生可能是由于各种随机因素的影响使其偏离群体，也有可能是由于过失误差，如分析测试过程中的失误或数据传递过程中的失误等原因造成的。因此需要进行统计判断，确定其离群的性质，然后决定该值的舍取。如果保留了由于过失误差而造成的离群值，会得到偏离实际情况的错误结果；如果剔除了由于随机因素引起的离群值，同样会得到虚假"较高精度"的错误结果。因此，离群值的检验是环境数据统计分析中一个重要的判别问题。

离群值的统计检验包括单个离群值的检验、多个离群值的检验以及多组数据平均值或方差的检验等。统计检验的基本思想在于，给定一个显著性水平 α（如 $\alpha=0.01$），并确定一个临界值，凡是超过这个临界值的误差就认为是过失误差，而不是随机误差，予以剔除，下面将分别介绍离群值的几种主要的检验方法。

4.2.1 离群值的检验方法

4.2.1.1 单个离群值的检验

单个离群值的检验是指在一组测试结果中检验决定一个离群值的取舍。通常采用格拉布斯法进行检验。

将 n 个观察值 x_1，x_2，…，x_n，按数值由小到大顺序排列，$x(1) \leqslant x(2) \leqslant \cdots \leqslant x(n)$。用于判断最大离群值的格拉布斯检验统计量 G_n 计算公式为

$$G_n = \frac{x(n) - \bar{x}}{S} \tag{4.1}$$

用于判断最小离群值的格拉布斯统计量 G_1 的计算公式为

$$G_1 = \frac{\bar{x} - x(1)}{S} \tag{4.2}$$

式（4.1）和式（4.2）中，$\bar{x}$ 为 n 个观察值的平均值，s 为 n 个观察值的标准差。计算所得到的 G_n 或 G_1 与式（4.1）中所列的格拉布斯检验临界值比较。当 G_n 或 G_1 大于表 4.1 中所列的临界值，则认为该离群值是异常的（显著性水平 $\alpha = 0.05$）或者高度异常的（显著性水平 $\alpha = 0.01$），予以剔除，否则该离群值属正常范围之内，应予保留。

表 4.1　格拉布斯检验临界值 $G(\alpha, n)$ 表

n	显著性水平 α				n	显著性水平 α			
	0.05	0.025	0.01	0.005		0.05	0.025	0.01	0.005
3	1.153	1.155	1.155	1.155	31	2.759	2.924	3.119	3.253
4	1.463	1.481	1.492	1.496	32	2.773	2.938	3.135	3.270
5	1.672	1.715	1.749	1.764	33	2.786	2.952	3.150	3.286
6	1.822	1.887	1.944	1.973	34	2.799	2.965	3.164	3.301
7	1.938	2.020	2.097	2.139	35	2.811	2.979	3.178	3.316
8	2.032	2.126	2.221	2.274	36	2.823	2.991	3.191	3.330
9	2.110	2.215	2.323	2.387	37	2.835	3.003	3.204	3.343
10	2.176	2.290	2.410	2.482	38	2.846	3.014	3.216	3.356
11	2.234	2.355	2.485	2.564	39	2.857	3.025	3.228	3.369
12	2.285	2.412	2.550	2.636	40	2.866	3.036	3.240	3.381
13	2.331	2.462	2.607	2.699	41	2.877	3.046	3.251	3.393
14	2.371	2.507	2.659	2.755	42	2.887	3.057	3.261	3.404
15	2.409	2.549	2.705	2.806	43	2.896	3.067	3.271	3.415
16	2.443	2.585	2.747	2.852	44	2.905	3.075	3.282	3.425
17	2.476	2.620	2.785	2.894	45	2.914	3.085	3.292	3.435
18	2.504	2.651	2.821	2.932	46	2.923	3.094	3.302	3.445
19	2.532	2.681	2.854	2.968	47	2.931	3.103	3.310	3.455
20	2.557	2.709	2.884	3.001	48	2.940	3.111	3.319	3.464
21	2.580	2.733	2.912	3.031	49	2.948	3.120	3.329	3.474
22	2.603	2.758	2.939	3.060	50	2.956	3.128	3.336	3.483
23	2.624	2.781	2.963	3.087	60	3.025	3.199	3.411	3.560
24	2.644	2.802	2.987	3.112	70	3.082	3.257	3.471	3.622
25	2.663	2.822	3.009	3.1135	80	3.130	3.305	3.521	3.673
26	2.681	2.841	3.029	3.157	90	3.171	3.347	3.563	3.716
27	2.698	2.859	3.049	3.178	100	3.207	3.383	3.600	3.754
28	2.714	2.876	3.068	3.199					
29	2.730	2.893	3.085	3.218					
30	2.745	2.908	3.103	3.236					

格拉布斯检验用于单个离群值的检验。对于一组测量结果而言，一般只进行一次格拉布斯检验，而不进行连续剔除检验。

　　格拉布斯检验临界值表是根据已知的样本数 n 以及所选择的显著性水平 α（0.01 或 0.05），在表中查找相应的值。

　　例如：

$G(0.01,10) = 2.410$；

$G(0.05,30) = 2.745$；

$G(0.01,100) = 3.600$。

　　值得注意的是：在计算标准差 S 时，可疑值也要计算在内。标准差取

$$S = \sqrt{\frac{1}{n-1}}\sqrt{\sum_{i=1}^{n}(x_i - \bar{x})^2}$$

　　例 4.1　在一固定的运转状态下测量一鼓风机的声功率，总共进行了 9 次独立的测量，测量结果见表 4.2，问第 4 次测量值是否应当剔除？

表 4.2　鼓风机声功率的测量结果

测量次数	1	2	3	4	5	6	7	8	9
声功率级	92.5	93.1	91.9	96.8	92.8	92.3	93.0	93.9	92.6

　　解　第 4 次测量值也是最大值，为 96.8，测定结果的均值为

$$X = \frac{1}{9}(92.5 + 93.1 + 91.9 + 96.8 + 92.8 + 92.3 + 93.0 + 93.9 + 92.6) = 93.2$$

标准差为

$$S = 1.46$$

计算统计量得

$$G_n = (96.8 - 93.2)/1.46 = 2.466$$

查格拉布斯临界值表 4.1 得

$$G(0.01, 9) = 2.323$$

　　显然有 $G_n > G(0.01, 9)$，因而可以判断第 4 次测量值高度异常，属于过失误差，应予以剔除。

4.2.1.2　多个离群值的检验

　　多个离群值的检验是指在一组分析测试所得结果中检验决定几个离群值的取舍。多个离群值的检验通常采用狄克逊法进行检验。

　　狄克逊法是应用了极差比的方法，得到简化而严密的结果。为使判断的准确率高，不同的样本数应采用不同的极差比计算。n 次测量的观察值 x_1，x_2，$\cdots$，x_n 按大小顺序排列为

$$x(1) \leqslant x(2) \cdots \leqslant x(n-1) \leqslant x(n)$$

用于判别最小值 $x(1)$ 或最大值 $x(n)$ 是否为离群值的统计计算公式列于表 4.3 中。

表4.3 狄克逊检验统计量 D 计算公式

样本范围	可疑值为最小值	可疑值为最大值	样本范围	可疑值为最小值	可疑值为最大值
3～7	$\dfrac{x(2)-x(1)}{x(n)-x(1)}$	$\dfrac{x(n)-x(n-1)}{x(n)-x(1)}$	11～13	$\dfrac{x(3)-x(1)}{x(n-1)-x(1)}$	$\dfrac{x(n)-x(n-2)}{x(n)-x(2)}$
8～10	$\dfrac{x(2)-x(1)}{x(n-1)-x(1)}$	$\dfrac{x(n)-x(n-1)}{x(n)-x(2)}$	14～30	$\dfrac{x(3)-x(1)}{x(n-2)-x(1)}$	$\dfrac{x(n)-x(n-2)}{x(n)-x(3)}$

狄克逊检验统计量计算结果与表4.4中所列的狄克逊检验临界值比较，当计算值大于表中临界值时，即 D_{min}（或 D_{max}）$>D(a,n)$，则认为该离群值显著异常的（显著性水平 $\alpha=0.05$）或者是高度显著异常的（显著性水平 $\alpha=0.01$），可考虑予以剔除。

表4.4 狄克逊检验临界值 $D(\alpha,n)$ 表

n \ α	0.01	0.05	n \ α	0.01	0.05	n \ α	0.01	0.05
			11	0.709	0.619	21	0.555	0.478
3	0.994	0.970	12	0.660	0.583	22	0.544	0.468
4	0.926	0.829	13	0.638	0.557	23	0.535	0.459
5	0.821	0.710	14	0.670	0.586	24	0.526	0.451
6	0.740	0.628	15	0.647	0.565	25	0.517	0.443
7	0.680	0.569	16	0.627	0.546	26	0.510	0.436
8	0.717	0.608	17	0.610	0.529	27	0.502	0.429
9	0.672	0.564	18	0.594	0.514	28	0.495	0.423
10	0.635	0.530	19	0.580	0.501	29	0.489	0.417
			20	0.567	0.489	30	0.483	0.412

狄克逊法用于多个离群值的检验意味着对一组环境数据可以连续使用该法逐个判别和剔除离群值，直至不能检验出离群值时为止。

例4.2 试用狄克逊法检验例4.1中声功率测量的离群值。

解 声功率的9次测量结果按大小排列为

$x(1)=91.9, x(2)=92.3, x(3)=92.5, x(4)=92.6, x(5)=92.8, x(6)=93.0,$
$x(7)=93.1, x(8)=93.9, x(9)=96.8$。

此处，可疑值为最大值，样本数为9，依照狄克逊法检验公式，最大值离群检验为

$$D_{max}=\frac{x(n)-x(n-1)}{x(n)-x(2)}$$

因而有

$$D_{max}=(96.8-93.9)/(96.8-92.3)=0.644$$

查狄克逊检验临界值 $D(\alpha,n)$ 表得

$$D(0.01,9)=0.672; \quad D(0.05,9)=0.564$$

显然有 $D_{max}>D(0.05,9)$，因而可以判断可疑值为显著异常，应考虑剔除。

读者可用同样的方法继续检验 $x(1)$ 和 $x(8)$ 是否异常，可以发现 $x(1)$ 和 $x(8)$ 并非离群值，不能剔除。

4.2.1.3　多组测定数据平均值离群的检验

n 组测定数据得到 n 个平均值 $\bar{x}_1$，$\bar{x}_2$，$\cdots$，$\bar{x}_n$，将其按大小顺序排列 $\bar{x}(1) \leqslant \bar{x}(2) \leqslant \cdots \leqslant \bar{x}(n)$。多组测定数据平均值可用格拉布斯检验法判断这组平均值中的一个离群值，其统计量计算公式如下：

（1）用于判别最大平均值是否离群：

$$G_n = \frac{\bar{x}(n) - \bar{\bar{x}}}{S} \tag{4.3}$$

（2）用于判断最小平均值是否离群：

$$G_1 = \frac{\bar{\bar{x}} - \bar{x}(1)}{S} \tag{4.4}$$

式（4.3）和式（4.4）中 $\bar{\bar{x}}$ 为 n 个平均值的平均值，S 为 n 个平均值的标准差。

将以上两式的计算结果与表 4.1 中的格拉布斯检验的临界值 $G(\alpha, n)$ 进行比较。若计算值大于表中临界值时，则认为该平均值离群是显著的（显著性水平 0.05）或高度显著的（显著性水平 0.01），可以剔除，否则就不能认为是离群值，应予保留。

一组平均值中多个离群值的判别则采用狄克逊法进行检验。狄克逊法统计量计算公式如表 4.3 所示，只需把公式中的观察值用一个平均值替代，用 $\bar{x}(i)$ 替代 $x(i)$ 即可对一组平均值中多个离群值进行检验。判别的临界值如表 4.4 所示。同样将计算结果与表 4.4 的临界值进行比较，从而判断该值离群显著与否。

例 4.3　实验室质量控制的方法之一是让多个实验室测量分析同一种样品，12 个实验室对一土样含铅量的分析结果见表 4.5。

表 4.5　土样含铅量分析结果

实验室编号	1	2	3	4	5	6	7	8	9	10	11	12
铅含量/(mg/L)	68.5	66.4	69.3	62.9	64.5	66.8	50.2	64.9	66.2	79.5	65.0	63.2

若该土样的含铅量并非已知，试从以上分析结果中判断哪些实验室的分析结果为异常。

解　已知每一实验室的分析结果都是多次分析的平均值。将 12 个实验室的分析结果由小到大排列为

$$x(1) = 50.2, x(2) = 62.9, x(3) = 63.2$$
$$x(4) = 64.5, x(5) = 64.9, x(6) = 65.0$$
$$x(7) = 66.2, x(8) = 66.4, x(9) = 66.8$$
$$x(10) = 68.5, x(11) = 69.3, x(12) = 79.5$$

本问题中 $n=12$，有两个可疑值，$x(1)$ 与 $x(12)$，因而应采用狄克逊检验法。

（1）首先检验最大值 $x(n)$：

根据狄克逊计算公式表 4.3：

$$D_{\max} = \frac{x(12) - x(10)}{x(12) - x(2)} = (79.5 - 68.5)/(79.5 - 62.9) = 0.663$$

查狄克逊临界值表 4.4 得：

$$D(0.01,12)=0.660$$

因而有 $D_{max}>D(0.01,12)$，可以判断该值为高度显著异常，应予剔除。

（2）再检验最小值 $x(1)$，此时 $n=11$，根据狄克逊公式表 4.3。

$$D_{min}=\frac{x(3)-x(1)}{x(10)-x(1)}=\frac{63.2-50.2}{68.5-50.2}=0.710$$

查狄克逊临界值表 4.4 得：

$$D(0.01,11)=0.709$$

因而 $D_{min}>D(0.01,11)$，可知 $x(1)$ 为高度显著异常值，应予剔除。

有兴趣的读者还可继续检验剩余的 10 个样本。结论是这 10 个平均值均不为离群值，不能剔除。

由检验可知，第 7 号实验室与第 10 号实验室的测量分析结果异常，应对分析方法、操作和记录等步骤做检查分析，找出产生系统误差的原因。

4.2.1.4 多组测定数据标准差离群的检验

多组测定数据标准差离群的检验通常用科克兰检验法进行。

科克兰检验是一种方差均匀性检验方法，它用 l 组测定结果中的最大方差与 l 组测定结果的方差和之比值与临界值比较，判别该组测定结果的方差离群与否。

设有 l 组测定值，每组 n 次测定结果的标准为 S_1，S_2，$\cdots$，S_l，将其按大小顺序排列 $S(1) \leqslant S(2) \leqslant \cdots \leqslant S(l)$，并记最大标准差 $S(l)$ 为 S_{max}。科克兰检验统计量 C 计算公式为

$$C=\frac{S_{max}^2}{\sum\limits_{i=1}^{l}S_i^2} \tag{4.5}$$

表 4.6 中为科克兰检验临界值表。将由式（4.5）计算所得结果表 4.6 中的临界值进行比较，当计算值大于表中的临界值时，则认为该组测定结果标准差离群是显著的（显著性水平 $\alpha=0.05$）或高度显著的（显著性水平 $\alpha=0.01$）。

用科克兰检验法对多组测定数据标准差离群与否的检验可连续进行。例如 l 组测定数据的标准差经过检验剔除一个最大的标准差，可继续对所剩的 $l-1$ 组测定数据的最大标准差检验。如此进行下去，直至不能检验出离群值为止。

科克兰检验要求 l 组测定值的每组测量次数 n 相同。在实际应用中，由于数据的多余、缺漏或剔除而使得每组的测量次数不尽相同，这时候的 n 应取绝大多数实验组的测量次数。

表 4.6 科克兰检验法的临界值表 $C(l,n)$

给定水平的数据	每组的测定结果数									
	$n=2$		$n=3$		$n=4$		$n=5$		$n=6$	
l	0.01	0.05	0.01	0.05	0.01	0.05	0.01	0.05	0.01	0.05
2	—	—	0.995	0.975	0.979	0.939	0.959	0.906	0.937	0.877
3	0.993	0.967	0.942	0.871	0.883	0.798	0.834	0.746	0.793	0.707
4	0.968	0.906	0.864	0.768	0.781	0.684	0.721	0.629	0.676	0.590
5	0.928	0.841	0.788	0.684	0.696	0.598	0.633	0.544	0.588	0.506
6	0.883	0.781	0.722	0.616	0.626	0.532	0.564	0.480	0.520	0.445
7	0.838	0.727	0.664	0.561	0.568	0.480	0.508	0.431	0.466	0.397
8	0.794	0.680	0.615	0.516	0.521	0.438	0.463	0.391	0.423	0.360
9	0.754	0.638	0.573	0.478	0.481	0.403	0.425	0.358	0.387	0.329
10	0.718	0.602	0.536	0.445	0.447	0.373	0.393	0.331	0.57	0.303
11	0.684	0.571	0.504	0.417	0.418	0.348	0.366	0.308	0.332	0.281
12	0.653	0.541	0.475	0.392	0.392	0.326	0.343	0.288	0.310	0.262
13	0.624	0.515	0450	0.371	0.369	0.307	0.322	0.271	0.291	0.243
14	0.599	0.492	0.427	0.352	0.349	0.291	0.304	0.255	0.274	0.232
15	0.575	0.471	0.407	0.335	0.332	0.276	0.288	0.242	0.259	0.220
16	0.553	0.452	0.388	0.319	0.316	0.262	0.274	0.230	0.246	0.208
17	0.532	0.434	0.372	0.305	0.301	0.250	0.261	0.219	0.234	0.198
18	0.514	0.418	0.356	0.293	0.288	0.240	0.249	0.209	0.223	0.187
19	0.496	0.403	0.343	0.281	0.276	0.230	0.238	0.200	0.214	0.181
20	0.480	0.389	0.330	0.270	0.265	0.220	0.229	0.192	0.205	0.174
21	0.465	0.377	0.318	0.261	0.255	0.212	0.220	0.185	0.197	0.167
22	0.450	0.365	0.307	0.252	0.246	0.204	0.212	0.178	0.189	0.160
23	0.437	0.354	0.297	0.243	0.238	0.197	0.204	0.172	0.182	0.155
24	0.425	0.343	0.287	0.235	0.230	0.191	0.197	0.166	0.176	0.149
25	0.413	0.334	0.278	0.228	0.222	0.185	0.189	0.160	0.170	0.144
26	0.402	0.325	0.270	0.221	0.215	0.179	0.184	0.155	0.164	0.140
27	0.391	0.316	0.262	0.215	0.209	0.173	0.179	0.150	0.159	0.135
28	0.382	0.308	0.255	0.209	0.202	0.168	0.173	0.146	0.154	0.131
29	0.372	0.300	0.248	0.203	0.196	0.164	0.168	0.142	0.150	0.127
30	0.363	0.293	0.241	0.198	0.191	0.159	0.164	0.138	0.145	0.124
31	0.355	0.286	0.235	0.193	0.186	0.155	0.159	0.134	0.141	0.120
32	0.347	0.280	0.229	0.188	0.181	0.151	0.155	0.131	0.138	0.117
33	0.339	0.273	0.224	0.184	0.177	0.147	0.151	0.127	0.134	0.114
34	0.332	0.267	0.218	0.179	0.172	0.144	0.147	0.124	0.131	0.111
35	0.325	0.262	0.213	0.175	0.168	0.140	0.144	0.121	0.127	0.108
36	0.318	0.256	0.208	0.172	0.165	0.137	0.140	0.118	0.124	0.106
37	0.312	0.251	0.204	0.168	0.161	0.134	0.137	0.116	0.121	0.103
38	0.306	0.246	0.200	0.164	0.157	0.131	0.134	0.113	0.119	0.101
39	0.300	0.242	0.196	0.161	0.154	0.129	0.131	0.111	0.116	0.099
40	0.294	0.237	0.192	0.158	0.151	0.126	0.128	0.108	0.114	0.097

例 4.4 6 个实验室分析测试同一水样的酚的浓度，要求每一实验室测试 5 次后求平均值，分析结果见表 4.7，试用科克兰法检验离群值。

表 4.7 水样酚浓度的测试分析结果/(mg/L)

实验室号 \ 次数	1	2	3	4	5	均值	标准差
1	3.15	3.18	3.21	3.18	3.20	3.18	0.023
2	3.04	3.17	3.26	3.02	3.11	3.12	0.098
3	3.13	3.17	3.12	3.15	3.14	3.14	0.019
4	3.09	3.11	3.08	3.10	3.09	3.09	0.011
5	3.20	3.21	3.20	3.23	3.19	3.21	0.015
6	3.16	3.15	3.18	3.15	3.11	3.15	0.025

解 已知 $S_{max}=0.098$，由式 (4.5)，得科克兰检验的统计量为

$$C = 0.098^2/(0.023^2 + 0.098^2 + 0.019^2 + 0.011^2 + 0.015^2 + 0.025^2) = 0.838$$

查科克兰检验临界值表得

$$C(6,5,0.01) = 0.564$$

显然有 $C > C(6,5,0.01)$，因而 2 号实验室测量结果的标准差高度显著异常，应予以剔除。

读者可以证明，剩下的 5 个实验室测量结果的标准差不异常，检验可以结束。

无论采用哪一种检验方法，离群值应是个别的或极少量的，否则应从数据产生的每一个环节中找原因。

4.2.2 离群值的剔除

经检验后确定了某些数据为离群值，为剔除这些值提供了统计上的依据。但是在实际剔除这些离群值前，还需要做认真分析，查找离群值产生的原因。

离群值产生的原因是十分复杂的，有些经检验后确定的离群值可能是反映环境质量真实情况的数值，因此不能单纯地依赖检验结果来剔除数据，而需要从技术上检查离群值出现的原因。例如是否由于测试中的疏忽、测试步骤不正确、试剂使用不当、样品运输贮存不当、实验数据记录错误、数据处理不正确等。当能够找到离群值产生的原因时，剔除离群值就比较有把握。因此，根据离群值检验的结果并结合实际技术原因分析来决定离群值的取舍，是较为科学和客观的。

4.3 单个样本均值的检验

在某地区采样点采集了一系列样品，经分析测试获得环境分析测试数据，对数据进行分析时，人们常需要回答这样一个问题，根据环境分析测试数据，该采样点所代表区域的环境质量是否超过环境标准？这就是说要根据样本的测定值推断总体的平均值是小于、等于还是大于某一确定的值。同样，在环境数据分析时，也经常遇到根据甲、乙两

个采样点得到的环境数据，判别甲、乙两地环境污染水平是相当或存在显著差异的问题，这是根据两样本的测定值判别两总体水平相同或显著不同的问题。

解决总体均值的判别问题常用的统计检验方法有 μ 检验法和 t 检验法。μ 检验法用于总体标准差已知的情况，t 检验法用于总体标准差未知的情况。一般而言，总体标准差已知的情况是不多的，因而 μ 检验法作为总体平均值的检验不如 t 检验法应用广泛。然而，对大样本（$n>30$）而言，以样本的标准差 S 代替总体标准差 σ 误差不大，因而 μ 检验法仍是一种可以利用的方法。对于小样本（$n<30$），用 μ 检验法对总体均值进行统计检验时误差较大，一般不采用。遇到这种情况，可以利用 t 检验法进行统计检验。

需要指出的是，用 μ 检验法或 t 检验法对总体的平均值进行统计检验时，总体必须是服从正态分布的。对于大样本，不管总体服从什么分布，根据概率论中的中心极限定理，可以认为样本均值 $\bar{x}$ 渐近服从正态分布。对于小样本，在可能的条件下判别其服从的分布类型。若为正态分布，可用 t 检验法对总体的平均值进行统计检验。

4.3.1　已知总体方差的均值检验（μ 检验法）

在某一采样点获得一组监测数据，通过统计检验确定该测点所代表的区域环境污染水平是否超过环境标准（或某一确定值），这就是由一个样本检验总体平均值的问题。区域的环境污染水平是我们要研究的总体，总体的平均值通过样本测定值进行推断。

用 μ 表示总体平均值，μ_0 表示确定的值（例如环境质量标准），$\bar{x}$ 表示样本的平均值，σ 表示总体的标准差（在大样本时，可用样本的标准差 S 代替），n 表示样本数。一个样本检验总体平均值的 μ 检验法的具体步骤可按表 4.8 进行。

表 4.8　μ 检验法统计检验表

统计检验步骤	双侧检验	单侧检验
建立统计假设	$H_0: \mu = \mu_0$ $H_1: \mu \neq \mu_0$	$H_0: \mu \geqslant \mu_0 \quad H_1: \mu < \mu_0$ 或 $H_0: \mu \leqslant \mu_0 \quad H_1: \mu > \mu_0$
选择显著性水平 α	0.05 或 0.01	0.05 或 0.01
计算统计量 μ	$\mu = \dfrac{\bar{x} - \mu_0}{\dfrac{\sigma}{\sqrt{n}}}$	$\mu = \dfrac{\bar{x} - \mu_0}{\dfrac{\sigma}{\sqrt{n}}}$
确定临界值	查附表 1 得临界值 $\mu_{\frac{\alpha}{2}}$	查附表 1 得临界值 μ_α
统计判别	若 $\|\mu\| \leqslant \mu_{\frac{\alpha}{2}}$，接受 H_0 $\|\mu\| > \mu_{\frac{\alpha}{2}}$，否定 H_0 接受备选假设 H_1	若 $\mu \geqslant -\mu_\alpha$，接受 H_0 或若 $\mu \leqslant \mu_\alpha$，接受 H_0 若 $\mu < -\mu_\alpha$，否定 H_0 接受 H_1 或若 $\mu > \mu_\alpha$，否定 H_0 接受 H_1

表 4.8 中 μ_α 和 $\mu_{\frac{\alpha}{2}}$ 的定义是这样的：

双侧检验：$P(|\mu| \leqslant \mu_{\frac{\alpha}{2}}) = 1 - \alpha$；

单侧检验：$P(\mu \leqslant \mu_a) = 1 - \alpha$。

例 4.5 检验一污水处理厂的出水的氯化物浓度，共采了 20 个水样。设水样的氯化物浓度遵从正态分布。

（1）若标准差为 30mg/L，水样的氯化物平均浓度为 253mg/L，出水的氯化物浓度是否达到设计的 250mg/L 标准？

（2）若标准差为 20mg/L，平均浓度为 261mg/L，出水的氯化物浓度是否超过 250mg/L 的标准？

解（1）这是一个双侧检验的问题，已知：

$$\sigma = 30\text{mg/L}, \ \bar{x} = 253\text{mg/L}, \ \mu_0 = 250\text{mg/L}, \ n = 20, \ H_0 : \mu = \mu_0$$

$$\mu = \frac{253 - 250}{\dfrac{30}{\sqrt{20}}} = 0.447$$

选取显著性水平 $\alpha = 0.05$，查附表 1 可得

$$\mu_{\frac{\alpha}{2}} = 1.960$$

显然有：$\mu = 0.447 < 1.960$

即假设 H_0 不能推翻，出水的氯化物浓度达到设计标准。

（2）这是单侧检验问题，已知：

$$\sigma = 20\text{mg/L}, \ \bar{x} = 261\text{mg/L}, \ \mu_0 = 250\text{mg/L}, \ n = 20, \ 假设 \ H_0 : \mu \leqslant \mu_0$$

$$\mu = \frac{261 - 250}{\dfrac{20}{\sqrt{20}}} = 2.460$$

选取显著性水平 $\alpha = 0.05$，查附表 1 可得

$$\mu_\alpha = 1.645$$

显然有：$\mu = 2.460 > \mu_\alpha = 1.645$

即否定了原假设 H_0，因而有 $\mu > \mu_0$，即出水的氨化物浓度超过了 250mg/L 的标准。

总体均值 μ 的检验法也称为 Z 检验法，在 Excel 中选用 Z 统计量进行总体均值的 Z 检验。

方法一：用 AVERAGE（）函数求出均值，利用公式计算出统计量 Z（μ）的值，再用临界值法或 P 值法进行判别。

方法二：用函数"ZTEST（array，μ_0，sigma）"计算出 P 值，再与给定的显著性水平 α 进行比较判别。

注意：单侧检验时的 P 值＝MIN(ZTEST(array，μ_0，sigma)，1-ZTEST(array，μ_0，sigma))，双侧检验的 P 值＝2 * MIN（ZTEST(array，μ_0，sigma)，1- ZTEST(array，μ_0，sigma))。

方法三：用 Excel 的中的"Z-检验：双样本平均差检验"工具进行。

注意：要补充一个样本容量相同的样本，并将其所有值设置为 μ_0，然后要对话框中将平均值差设为 0，将变量 Z 的方差设置为很小的正数。

4.3.2 未知总体方差的均值检验（t 检验法）

与 μ 检验法相同，由一个样本检验总体的平均值是指在一个采样点得到的一组

监测数据，通过统计检验确定该测点代表的区域环境污染水平是否超过某一确定的值。与 μ 检验法不同的是 t 检验法无需已知总体的标准差。用 μ 表示总体的平均值，μ_0 表示某一确定的值（例如环境质量标准），X 表示样本的平均值，S 表示样本的标准差，n 为样本数。t 检验法对总体平均值的检验可按 t 检验法统计检验表进行，见表 4.9。

表 4.9　t 检验法统计检验

统计检验步骤	双侧检验	单侧检验
建立统计假设	$H_0: \mu=\mu_0$ $H_1: \mu\neq\mu_0$	$H_0: \mu\geq\mu_0$　$H_1: \mu<\mu_0$ 或 $H_0: \mu\leq\mu_0$　$H_1: \mu>\mu_0$
选择显著性水平 α	0.05 或 0.01	0.05 或 0.01
计算统计量 t	$t=\dfrac{\overline{x}-\mu_0}{\dfrac{s}{\sqrt{n}}}$	$t=\dfrac{\overline{x}-\mu_0}{\dfrac{s}{\sqrt{n}}}$
计算自由度 df	$df=n-1$	$df=n-1$
确定临界值 t_α	查附表 3 得 t_α	查附表 3 得 $t_{2\alpha}$
统计判别	若 $\|t\|\leq t_\alpha$，接受 H_0 若 $\|t\|>t_\alpha$，否定 H_0 接受 H_1	若 $\|t\|\leq t_{2\alpha}$，接受 H_0 若 $\|t\|>t_{2\alpha}$，否定 H_0， 接受 H_1

附表 3 是 t 分布双侧分位数（t_α）表。对于单侧检验，给定的显著性水平 α 应查临界值为 $t_{2\alpha}$，查该表时还应考虑相应的自由度 df($df=n-1$)。

例 4.6　从河流的某一断面提取 20 个水样，测得酚的浓度（mg/L）为：0.027，0.025，0.031，0.030，0.023，0.028，0.034，0.026，0.024，0.028，0.024，0.032，0.024，0.033，0.029，0.031，0.023，0.032，0.025，0.031。

试用 0.05 的显著性水平检验该断面酚的平均污染水平是否达到了 0.030mg/L。

解　假设该断面的酚污染水平达到了 0.030mg/L，即假设 $H_0: \mu=\mu_0$。

由样本数据计算得：$n=20$，$\overline{x}=0.028$mg/L

标准差：$S=0.0036$

自由度：$df=n-1=19$

统计量为

$$t=\frac{0.028-0.030}{\frac{0.0036}{\sqrt{20}}}=-2.486$$

查附表 3 可得（$\alpha=0.05$ 时）$t_\alpha=2.093$，显然有：$|t|=2.486>t_\alpha=2.093$，则否定 H_0，即该断面的酚污染水平不等于 0.030mg/L。

同样可用单侧检验，设 $H_0: \mu\geq\mu_0$

统计量：$t = -2.486$

临界值：$t_{2\alpha} = 1.792 (\alpha = 0.05)$

显然有：$t = -2.486 < -t_{2\alpha} = -1.792$，则否定 H_0，即该断面的酚污染水平低于 0.030mg/L。

在 Excel 中有 4 种方法可完成 t 检验：

方法一：用统计函数"AVERAGE（）"和"STDEV（）"计算出样本均值和样本标准差，然后按式公式计算出统计量 t 的值，再使用临界值检测法进行判别。

本例：AVERAGE$(A2:A21) = 0.028$，STDEV$(A2:A21) = 0.003598$，$n = 20$，$\mu_0 = 0.030$

$$t = \frac{\bar{x} - \mu_0}{\frac{s}{\sqrt{n}}} = \frac{0.028 - 0.03}{\frac{0.0036}{\sqrt{20}}} = -2.48452$$

方法二：用统计函数"TTEST（array1，array2，tails，type）"计算 t 检验的概率值。

array1 为第一个数据集，array2 为第二个数据集，tails 是指示分布曲线的尾数。如果 tails = 1，函数 TTEST 使用单尾分布；如果 tails = 2，函数 TTEST 使用双尾分布。

type 为 t 检验的类型。如果 type = 1，用成对检验方法；如果 type = 2，用等方差双样本检验；如果 type = 3，用异方差双样本检验。

注意：要先补充一个样本容量相同的样本，并将其所有值设置为 μ_0。

本例用统计函数 = TTEST（A2：A21，B2：B21，1，1）计算 t 检验单尾检验的 P 值（= 0.011202），用函数 = TTEST（A2：A21，B2：B21，2，1）计算 t 检验双尾检验的 P 值（= 0.022404），再用 P 值检验法进行判别。因 P 值 < 0.05，所以拒绝 H_0。

方法三：用 Excel 中的分析工具库中的"t-检验：平均值的成对二样本分析"工具进行（图 4.1）。

注意：要先补充一个样本容量相同的样本，并将其所有值设置为 μ_0，然后要对话框中将平均值差设为 0。

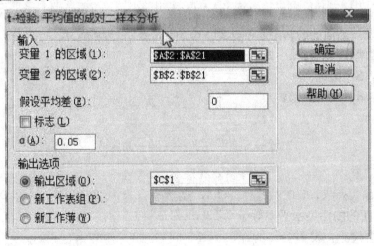

图 4.1 t-检验：平均值的成对二样本分析

单尾检验：$P=0.011<0.05$，拒绝 H_0，即该断面的酚污染水平不等于 $0.030\mathrm{mg/L}$。

双尾检验：$P=0.022<0.05$，拒绝 H_0，即该断面的酚污染水平不等于 $0.030\mathrm{mg/L}$。

如图 4.2 所示。

	A	B	C	D	E	F
2	0.027	0.03				
3	0.025	0.03		变量 1	变量 2	
4	0.031	0.03	平均	0.028	0.03	
5	0.03	0.03	方差	1.29E-05	3.16765E-34	
6	0.023	0.03	观测值	20	20	
7	0.028	0.03	泊松相关系数	4.02E-15		
8	0.034	0.03	假设平均差	0		
9	0.026	0.03	df	19		
10	0.024	0.03	t Stat	-2.48573		
11	0.028	0.03	P(T<=t) 单尾	0.011202		
12	0.024	0.03	t 单尾临界	1.729133		
13	0.032	0.03	P(T<=t) 双尾	0.022404		
14	0.024	0.03	t 双尾临界	2.093024		
15	0.033	0.03	下列斜体字为用函数计算时的形式和结果			
16	0.029	0.03	=(AVERAGE(A2:A21)-B2)/(STDEV(A2:A21)			
17	0.031	0.03	/SQRT(COUNT(A2:A21)))			-2.48573
18	0.023	0.03	=TTEST(A2:A21,B2:B21,1,1)			0.011202
19	0.032	0.03	=TINV(2*0.05,COUNT(A2:A21)-1)			1.729133
20	0.025	0.03	=TTEST(A2:A21,B2:B21,2,1)			0.022404
21	0.031	0.03	=TINV(0.05,COUNT(A2:A21)-1)			2.093024
22	=TTEST(A2:A21,B2:B21,1,1)=TDIST(ABS(F17),COUNT(A2:A21)-1,1)					
23	=TTEST(A2:A21,B2:B21,2,1)=TDIST(ABS(F17),COUNT(A2:A21)-1,2)					

图 4.2　单尾检验和双尾检验

方法四：用 Excel 中的分析工具库中的"t-检验：双样本异方差假设"工具进行。

注意：要先补充一个样本容量相同的样本，并将其所有值设置为 μ_0，然后要对话框中将平均值差设为 0。

4.4　两个样本均值的检验

4.4.1　已知总体方差的均值检验（μ 检验法）

在两个采样点得到两组监测数据，通过统计检验确定两采样点所代表的两个区域环境污染水平是否相等，这是由两个样本检验两总体平均值一致性的问题。用 μ_1、μ_2 表示两总体的平均值，$\bar{x}_1$、$\bar{x}_2$ 表示两样本的平均值，σ_1、σ_2 表示两总体的标准差（在 $n>30$ 的大样本时可用样本的标准差 S_1、S_2 代替），n_1、n_2 表示两测点的样本数、用 μ 检验法对两总体平均值的一致性的检验可按表 4.10 所示的 μ 检验法统计表的步骤进行。表中的 μ 是一个遵从标准正态分布 $N(0,1)$ 的随机变量（若总体不是正态的，则当 n_1、n_2 相当大时，可满足条件）。μ_a 的意义与前同。

表 4.10　μ 检验法统计检验表

统计检验步骤	双侧检验	单侧检验
建立统计假设	H_0：$\mu_1=\mu_2$ H_1：$\mu_1\neq\mu_2$	H_0：$\mu_1\geqslant\mu_2$　H_1：$\mu_1<\mu_2$ 或 H_0：$\mu_1\leqslant\mu_2$　H_1：$\mu_1>\mu_2$

续表

统计检验步骤	双侧检验	单侧检验
选择显著性水平 α	0.05 或 0.01	0.05 或 0.01
计算统计量 μ	$\dfrac{\overline{x}_1 - \overline{x}_2}{\sqrt{\dfrac{\sigma_1^2}{n_1} + \dfrac{\sigma_2^2}{n_2}}}$	$\dfrac{\overline{x}_1 - \overline{x}_2}{\sqrt{\dfrac{\sigma_1^2}{n_1} + \dfrac{\sigma_2^2}{n_2}}}$
确定临界值 μ_α	查附表 1 得 $\mu_{\frac{\alpha}{2}}$	查附表 1 得 μ_α
统计判别	若 $|\mu| \leqslant \mu_{\frac{\alpha}{2}}$，接受 H_0 若 $|\mu| > \mu_{\frac{\alpha}{2}}$，否定 H_0， 接受备选假设 H_1	若 $|\mu| \leqslant \mu_\alpha$，接受 H_0 若 $|\mu| > \mu_\alpha$，否定 H_0， 接受 H_1

例 4.7 检测两片不同降水环境下树林的生长情况，已知林高符合正态分布。随机从两片树林中抽取容量为 15 的两个样本如下（单位：m）：

样本 1：9.6，9.1，10.2，10.5，8.8，10.8，9.5，8.1，10.8，8.4，10.1，8.5，8.9，11.2，8.3；

样本 2：11.3，10.8，9.3，8.8，12.4，12.5，11.6，10.8，9.5，9.2，10.1，12.0，11.7，11.2，12.4。

若两总体的标准差分别为 $\sigma_1 = 0.98$m，$\sigma_2 = 1.14$m，试以 0.05 的显著性水平检验不同的降水环境是否造成了这两片林区的生长差异。

解 已知 $\sigma_1 = 0.98$，$\sigma_2 = 1.14$，则

$$\overline{x}_1 = 9.52, \quad \overline{x}_2 = 10.91$$

采用双侧检验，假设 $H_0: \mu_1 = \mu_2$，统计量为

$$\mu = \frac{9.52 - 10.91}{\sqrt{\dfrac{0.98^2}{15} + \dfrac{1.14^2}{15}}} = \frac{-1.39}{0.388} = -3.58$$

由 $\alpha = 0.05$，查附表 1 得

$$\mu_{0.025} = 1.96$$

显然有

$$|\mu| = 3.58 > \mu_{0.025} = 1.96$$

即否定假设 H_0，表明由于降水环境不同使得两片林区的生长存在差异。

在 Excel 中，可使用分析工具库中的"Z 检验：双样本均值分析"计算所需数据（图 4.3）。

Z 值检验：由计算结果知，Z 值 $= -3.57243$，其绝对值 $|Z| = 3.57243 >$ "z 双尾临界" $= 1.959964$，所以否定假设 H_0。表明由于降水环境不同使得两片林区的生长存在差异。

P 值检验：由计算结果知，"$P (Z \leqslant z)$ 双尾" $= 0.000354 < 0.05$，所以否定假设 H_0。表明由于降水环境不同使得两片林区的生长存在差异。

	A	B	C	D	E
1	样本1	样本2	标准差1	标准差2	
2	9.6	11.3	0.98	1.14	
3	9.1	10.8	方差1	方差2	
4	10.2	9.3	0.9604	1.2996	
5	10.5	8.8	z-检验：双样本均值分析		
6	8.8	12.4			
7	10.8	12.5		样本1	样本2
8	9.5	11.6	平均	9.52	10.90667
9	8.1	10.8	已知协方差	0.9604	1.2996
10	10.8	9.5	观测值	15	15
11	8.4	9.2	假设平均差	0	
12	10.1	10.1	z	-3.57243	
13	8.5	12.0	P(Z<=z) 单尾	0.000177	
14	8.9	11.7	z 单尾临界	1.644854	
15	11.2	11.2	P(Z<=z) 双尾	0.000354	
16	8.3	12.4	z 双尾临界	1.959964	

图 4.3　Z 检验：双样本均值分析

4.4.2　未知总体方差的均值检验（t 检验法）

当两总体标准差未知，但可以认为其相等，即 $\sigma_1 = \sigma_2$ 时，由两个样本检验两总体平均值的一致性，通常用 t 检验法。μ_1、μ_2 表示两总体的平均值，$\bar{x}_1$ 和 $\bar{x}_2$ 表示两样本的平均值，S_1 和 S_2 表示两样本的标准差，n_1 和 n_2 表示两样本的样本数。t 检验法对两总体平均值的一致性检验可以按以下的 t 检验法统计检验表 4.11 中的程序进行。

表 4.11　t 检验法统计检验表

统计检验步骤	双侧检验	单侧检验
建立统计假设	H_0：$\mu_1 = \mu_2$ H_1：$\mu_1 \neq \mu_2$	H_0：$\mu_1 \geq \mu_2$　H_1：$\mu_1 < \mu_2$ 或 H_0：$\mu_1 \leq \mu_2$　H_1：$\mu_1 > \mu_2$
选择显著性水平 α	0.05 或 0.01	0.05 或 0.01
计算统计量 t	$t = \dfrac{\bar{x}_1 - \bar{x}_2}{\sqrt{\dfrac{(n_1-1)\,s_1^2 + (n_2-1)\,s_2^2}{n_1 + n_2 - 2}\left(\dfrac{1}{n_1} + \dfrac{1}{n_2}\right)}}$	
计算自由度 df	$df = n_1 + n_2 - 2$	
确定临界值 t_α	查附表 3 得 t_α	查附表 3 得 $t_{2\alpha}$
统计判别	若 $\lvert t \rvert \leqslant t_\alpha$，接受 H_0	若 $\lvert t \rvert \leqslant t_{2\alpha}$，接受 H_0
	若 $\lvert t \rvert > t_\alpha$，否定 H_0， 接受 H_1	若 $\lvert t \rvert > t_{2\alpha}$，否定 H_0， 接受 H_1

例 4.8　在进行环境噪声对居民睡眠影响的研究中，对生活在 50dB（A）和 55dB（A）噪声环境的居民分别抽查 10 人次，睡眠调查结果见表 4.12。

表 4.12　居民睡眠时间调查结果/h

居民 噪声级	1	2	3	4	5	6	7	8	9	10
50dB（A）	6.9	5.8	6.3	5.0	7.3	8.0	7.1	7.2	6.8	6.6
55dB（A）	6.4	7.2	6.1	6.7	5.6	8.2	7.5	6.9	7.0	6.6

试用 0.05 的显著性水平检验 50dB（A）和 55dB（A）的环境噪声对居民睡眠影响是否有差异。

解　假设两种环境噪声对居民睡眠影响无差异，即假设 H_0：$\mu_1 = \mu_2$，由调查数据可得：

$$\bar{x}_1 = 6.7, \ \bar{x}_2 = 6.82$$
$$S_1 = 0.842, \ S_2 = 0.730$$
$$n_1 = n_2 = 10, \ \mathrm{d}f = 2n - 2 = 18$$

统计量为

$$t = \frac{\bar{x}_1 - \bar{x}_2}{\sqrt{\dfrac{S_1^2 + S_2^2}{n}}} = \frac{6.7 - 6.82}{\sqrt{\dfrac{0.842^2 + 0.730^2}{10}}} = -0.341$$

查附表 3 的（$\alpha = 0.05$ 时）

$$t_\alpha = 2.101$$

显然有 $|t| = 0.341 < t_\alpha = 2.101$。

接受假设 H_0，即表明 50dB(A) 和 55dB(A) 的环境噪声对居民睡眠的影响无显著差异。

在 Excel 中可用分析工具库的"t 检验：双样本等方差假设"工具进行计算。其过程如图 4.4 所示。

图 4.4　t 检验：双样本等方差假设

结果判定：

t 值检验：$|t \ \text{Stat}| = 0.34 >$ "t 双尾临界" $= 2.1$，接受假设 H_0，即表明 50dB（A）和 55dB（A）的环境噪声对居民睡眠的影响无显著差异。

P 值检验："p（$T <= t$）" $= 0.737 > 0.05$，接受假设 H_0，即表明 50dB（A）和

55dB（A）的环境噪声对居民睡眠的影响无显著差异。

4.5　方差的显著性检验

在前面两节中，用 μ 检验法和 t 检验法对总体的一个特征数——平均值进行了统计检验。在一些情况下，还需要对总体的另外一个重要的特征数——方差进行检验。例如在建设一种新的环境分析测试方法时，需要判断该方法的精密度是否能够满足预定的要求，这就是一个判断总体方差与一已知值之间是否存在差异的问题。

χ^2 检验是一种检验总体方差与某一确定值差异的重要方法，主要包括下述两方面内容。

4.5.1　单个样本方差间显著性检验

4.5.1.1　已知总体的平均值检验总体的方差

当总体的平均值为已知时，可用 χ^2 检验法来检验总体的方差 σ_2 是否等于、小于或大于某一已知常数，用 μ_0 表示总体的均值，σ_2 表示总体的方差，σ_0^2 表示已知常数，x_1，x_2，$\cdots$，x_n 表示样本的 n 个测定值，自由度为 $df=n$。χ^2 检验对总体方差的检验可按表 4.13 的统计检验程序进行。

表 4.13　χ^2 检验法统计检验表

统计检验步骤	双侧检验	单侧检验	
建立统计假设	$H_0:\sigma^2=\sigma_0^2$ $H_1:\sigma^2\neq\sigma_0^2$	$H_0:\sigma^2\geqslant\sigma_0^2$ $H_1:\sigma^2<\sigma_0^2$	$H_0:\sigma^2\leqslant\sigma_0^2$ $H_1:\sigma^2>\sigma_0^2$
选择显著性水平 α	0.05 或 0.01	0.05 或 0.01	
计算统计量 χ^2	$\chi^2=\dfrac{1}{\sigma_0^2}\sum\limits_{i=1}^{n}(x_i-\bar{x})^2$	$\chi^2=\dfrac{1}{\sigma_0^2}\sum\limits_{i=1}^{n}(x_i-\bar{x})^2$	
计算自由度 df	$df=n$	$df=n$	
确定临界值	查附表 4 得 $\chi_{\frac{\alpha}{2}}^2$ 和 $\chi_{1-\frac{\alpha}{2}}^2$	查附表 4 得 $\chi_{1-\alpha}^2$	查附表 4 得 χ_{α}^2
统计判别	若 $\chi_{\frac{\alpha}{2}}^2\geqslant\chi^2\geqslant\chi_{1-\frac{\alpha}{2}}^2$，接受 H_0	若 $\chi^2\geqslant\chi_{1-\alpha}^2$，接受 H_0	若 $\chi^2\leqslant\chi_{\alpha}^2$，接受 H_0
	若 $\chi^2>\chi_{\frac{\alpha}{2}}^2$ 或 $\chi^2<\chi_{1-\frac{\alpha}{2}}^2$，否定 H_0，接受 H_1	若 $\chi^2<\chi_{1-\alpha}^2$，接受 H_1	若 $\chi^2>\chi_{\alpha}^2$，接受 H_1

在实际应用中，总体平均值已知的情况是不多的，而使用较多的是总体平均值未知的情况。总体平均值未知时的 χ^2 检验在下面介绍。

4.5.1.2　总体平均值未知检验总体的方差

当总体的平均值未知时，用样本的平均值代替总体的均值，同样可用 χ^2 检验来检验总体的方差是否等于、小于或大于某一已知常数。用 σ_2 表示总体的方差，σ_{20} 表示已知常数，x_1，x_2，$\cdots$，x_n 表示样本的 n 个测定值，$\bar{x}$ 表示样本的均值。χ^2 检验对总体方差的检验可按 χ^2 检验法统计检验表进行（表 4.14）。

表 4.14 χ^2 检验法统计检验表

统计检验步骤	双侧检验	单侧检验	
建立统计假设	$H_0: \sigma^2 = \sigma_0^2$ $H_1: \sigma^2 \neq \sigma_0^2$	$H_0: \sigma^2 \geqslant \sigma_0^2$ $H_1: \sigma^2 < \sigma_0^2$	$H_0: \sigma^2 \leqslant \sigma_0^2$ $H_1: \sigma^2 > \sigma_0^2$
选择显著性水平 α	0.05 或 0.01	0.05 或 0.01	
计算统计量 χ^2	$\chi^2 = \dfrac{1}{\sigma_0^2} \sum\limits_{i=1}^{n}(x_i - \bar{x})^2$	$\chi^2 = \dfrac{1}{\sigma_0^2} \sum\limits_{i=1}^{n}(x_i - \bar{x})^2$	
计算自由度 $\mathrm{d}f$	$\mathrm{d}f = n-1$	$\mathrm{d}f = n-1$	
确定临界值	查附表 4 得 $\chi_{\frac{\alpha}{2}}^2$ 和 $\chi_{1-\frac{\alpha}{2}}^2$	查附表 4 得 $\chi_{1-\alpha}^2$	查附表 4 得 χ_{α}^2
统计判别	若 $\chi_{\frac{\alpha}{2}}^2 \geqslant \chi^2 \geqslant \chi_{1-\frac{\alpha}{2}}^2$，接受 H_0	若 $\chi^2 \geqslant \chi_{1-\alpha}^2$，接受 H_0	若 $\chi^2 \leqslant \chi_{\alpha}^2$，接受 H_0
	若 $\chi^2 > \chi_{\frac{\alpha}{2}}^2$ 或 $\chi^2 < \chi_{1-\frac{\alpha}{2}}^2$， 否定 H_0，接受 H_1	若 $\chi^2 < \chi_{1-\alpha}^2$，接受 H_1	若 $\chi^2 > \chi_{\alpha}^2$，接受 H_1

留心的读者可以发现，表 4.14 与表 4.13 极其相似，仅有的两个差别是表 4.14 中用样本均值代替了总体均值，自由度取 $n-1$。

例 4.9 评价交通噪声污染的一项重要指标是噪声的涨落，通常可用标准差表示。某一路段行车高峰期的声级涨落标准差为 3.50dB（A），一季度后在该路段的同一行车高峰期测得一组交通噪声数据如下：

70.2 72.1 71.1 69.1 68.0 67.1 72.2 74.1 75.3
73.1 70.6 70.8 70.2 69.2 68.0 66.8 67.3 68.4

试按 0.05 的显著性水平检验声级涨落的标准差有无变化。

解 上述问题为 χ^2 检验问题。假设

$$H_0: \sigma = 3.50, \qquad H_i: \sigma \neq 3.50$$

由测量数据计算得

$$\bar{x} = 70.2, \ n = 18, \ df = 17$$

统计量为

$$\chi^2 = \frac{1}{3.5^2} \sum_{i=1}^{18} (x_i - 70.2)^2 = 8.431$$

选定显著性水平 $a = 0.05$，在 χ^2 分布临界值表（附表 4）中查得：

$$\chi_{17}^2(0.025) = 30.19; \chi_{17}^2(0.975) = 7.56$$

显然有

$$\chi_{17}^2(0.975) = 7.56 < \chi^2 = 8.431 < \chi_{17}^2(0.025) = 30.19$$

接受假设 H_0，即交通噪声标准差没有变化。

4.5.2　两个样本方差的齐性检验

在用 t 检验法对两总体的平均值的一致性进行检验时，并不要求两总体的方差已知，但却有一个先决的假定，两总体的方差应一致。这个假定是需要进行验证的。F 检验是在两总体的平均值和方差未知的条件下，对两总体的方差进行一致性检验的重要方法。

假设两总体分别服从正态分布，σ_1^2 和 σ_2^2 表示两总体的方差，S_1^2 和 S_2^2 表示两样本的方差，n_1 和 n_2 表示两样本的样本数。F 检验对两总体方差一致性的检验可按表 4.15 的统计检验步骤进行。

表 4.15　F 检验法统计检验表

统计检验步骤	双侧检验	单侧检验	
建立统计假设	$H_0: \sigma_1^2 = \sigma_2^2$ $H_1: \sigma_1^2 \neq \sigma_2^2$	$H_0: \sigma_1^2 \leqslant \sigma_2^2$ $H_1: \sigma_1^2 > \sigma_2^2$	$H_0: \sigma_1^2 \geqslant \sigma_2^2$ $H_1: \sigma_1^2 < \sigma_2^2$
选择显著性水平 α	0.05 或 0.01	0.05 或 0.01	
计算统计量 F	$F = \dfrac{S_1^2}{S_2^2}$	$F = \dfrac{S_1^2}{S_2^2}$	$F = \dfrac{S_2^2}{S_1^2}$
计算自由度 df_1，df_2	$df_1 = n_1 - 1$ $df_2 = n_2 - 1$	$df_1 = n_1 - 1$ $df_2 = n_2 - 1$	$df_1 = n_2 - 1$ $df_2 = n_1 - 1$
确定临界值	查附表 5 得 $F_{\frac{\alpha}{2}}$ 和 $F_{1-\frac{\alpha}{2}}$	查附表 5 得 F_α	
统计判别	若 $F_{1-\frac{\alpha}{2}} \leqslant F \leqslant F_{\frac{\alpha}{2}}$，接受 H_0	若 $F \leqslant F_\alpha$，接受 H_0	
	若 $F > F_{\frac{\alpha}{2}}$ 或 $F < F_{1-\frac{\alpha}{2}}$， 否定 H_0，接受 H_1	若 $F > F_\alpha$，接受 H_1	

表 4.15 中的临界值 $F_\alpha(df_1, df_2)$ 可在附表 5 中查得，需要指出的是临界值 $F_\alpha(df_1, df_2)$ 和 $F_{1-\alpha}(df_2, df_1)$ 有如下关系：

$$F_\alpha(df_1, df_2) = \frac{1}{F_{1-\alpha}(df_2, df_1)}$$

在实际计算中，不要将两样本自由度的顺序搞错。

例 4.10　两个路段的交通噪声测量数据如下 [dB（A）]：

路段 1：70.2　72.1　71.1　69.1　68.0　67.1　72.2　74.1　75.3　73.1　70.6　70.8　70.2　69.2　68.0　66.8　67.3　68.4

路段 2：65.5　67.3　68.4　70.5　72.1　69.0　64.1　66.3　62.0　61.1　64.4　68.6　67.2　68.1　69.5　65.0　63.1　64.9　61.4　60.5　63.9　66.8　69.1

试用 0.05 的显著性水平检验两路段的交通噪声涨落是否存在差异。

解　道路交通噪声服从正态分布。假设 $H_0: \sigma_{21} = \sigma_{22}$，$H_1: \sigma_{21} \neq \sigma_{22}$，实际计算结果如下：

$$n_1 = 18, \overline{x}_1 = 70.2, s_1^2 = 6.076, n_2 = 23, \overline{x}_2 = 66.0, s_2^2 = 10.087$$

统计量为

$$F = S_2^2/S_1^2 = 1.660$$

给定显著性水平 $\alpha = 0.05$ ，$\mathrm{d}f_1 = 22$ ，$\mathrm{d}f_2 = 17$

查附表 5 得 $\qquad F_{0.05}(22,17) = 2.21$

$$F_{0.95}(22,17) = \frac{1}{F_{0.05}(17,22)} = \frac{1}{2.11} = 0.474$$

显然有：$F_{0.95}(22,17) < F < F_{0.05}(22,17)$

接受假设 H_0，即认为两段的交通噪声声级涨落情况无显著差异。

在 Excel 中可使用分析工具库中的"F-检验：双样本方差分析"工具完成计算：

将两个路段的噪声监测数据分别输入到 Excel 工作表的 A 列和 B 列，打开"数据分析"对话框，选择"F-检验 双样本方差"，按下图输入两个变量的区域，单击"确定"按钮，得到图 4.5。

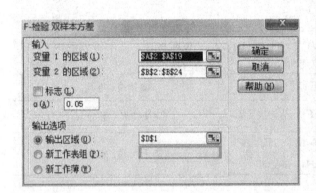

图 4.5　F-检验　双样本方差分析

注意：该工具计算 F-统计（或 F-比值）的 F 值。F 值接近于 1 说明基础总体方差是相等的。在输出表中，如果 $F < 1$，则当总体方差相等且根据所选择的显著水平"F 单尾临界值"返回小于 1 的临界值时，"$P(F <= f)$ 单尾"返回 F-统计的观察值小于 F 的概率 Alpha。如果 $F > 1$，则当总体方差相等且根据所选择的显著水平，"F 单尾临界值"返回大于 1 的临界值时，"$P(F <= f)$ 单尾"返回 F-统计的观察值大于 F 的概率 Alpha。

4.6　符号检验法和秩和检验法

在本章前面几节介绍的 μ 检验法、t 检验法及 F 检验法等，都要求对总体的分布做出假设。在假定总体具有某种形式分布的条件下，用样本数据对总体的参数（如平均值、标准差）进行统计检验。由于这些统计检验都涉及总体的参数，因而称为参数统计检验。在实际统计分析工作中，有时要求对一些没有特定形式的分布或分布形式不知道的总体进行比较，这时需要采用不必对总体分布做出假定的统计检验方法。由于这种统计检验是在总体的分布之间而不涉及总体的参数，因而称为非参数统计检验法。非参数统计检验不仅能在上述情况下应用，而且能在某些资料不能简单用数量表示的场合下应用。如环境监测中经常碰到的"检出"、"未检出"、"超标"、"未超标"，以及某些按人为法则规定的"秩序"、"大小"等，也可应用非参数统计检验法进行检验。本节主要讨论非参数统计检验中符号检验法和秩和检验法两种方法。

4.6.1 符号检验法

符号检验法是检验两样本所代表的总体分布是否一致的简单、直观的方法。符号检验法通过对两样本的波动趋势程度是否相同来判别两样本所代表的总体分布是否一致，因而符号检验法对两样本的数据或资料有一定的要求，它要求两样本的数据或资料必须是两两对应的。顾名思义，符号检验法是将两样本对应数据比较结果用符号来表示。例如用符号"＋"、"－"和"0"分别表示两样本对应数据中较大值、较小值和两值相等。

符号检验法的检验步骤如下：

（1）建立统计假设。

H_0：样本所代表的总体具有相同的分布。

H_1：两样本所代表的总体具有的分布不相同。

（2）选择显著性水平 α，一般选 $\alpha=0.05$ 或 $\alpha=0.01$。

（3）用符号表示两样本对应数据的比较情况。

"＋"表示大于或优于，"－"表示小于或劣于，"0"表示相等。当两样本对应数值相等时，即取符号"0"时，在检验过程中舍弃这对数据。

（4）计算统计量 γ：

$$\gamma = \min\{n_+, n_-\} \tag{4.6}$$

式中，n_+，n_- 分别表示两样本比较出现的"＋"和"－"的次数。

$\min\{\}$ 表示取 $\{\}$ 中的最小值。

（5）确定临界值 γ_a 由给定的显著性水平 α，在附表 6 中查出临界值 γ_a。

（6）判断假设成立与否。

若 $\gamma > \gamma_a$，则在显著性水平 α 的条件下，接受 H_0，即认为两样本的总体分布相同。

若 $\gamma \leqslant \gamma_a$，则在显著性水平 α 的条件下，否定假设 H_0，接受备选假设 H_1，即认为两样本总体分布不相同。

例 4.11 为了比较两个污灌区的土壤含镉量是否存在明显的差异，从两个灌区中随机各抽取 20 个土壤样品进行测试。测试结果列表见表 4.16。表中的正号和负号表示灌区甲的检测值与相应的灌区乙的检测值的大小比较。

表 4.16   土壤中 Cd 含量/（mg/kg）

灌区甲	4.24	4.02	4.38	4.38	5.01	4.83	3.24	4.75	4.64	5.23
灌区乙	3.82	4.16	4.38	3.64	4.97	4.06	5.17	4.83	5.26	4.58
符号	＋	－	0	＋	＋	＋	－	－	－	＋
灌区甲	3.67	4.11	4.25	4.91	5.41	5.26	5.09	3.82	4.28	4.17
灌区乙	4.29	3.66	3.90	5.41	3.87	5.06	4.44	4.68	4.87	4.69
符号	－	＋	＋	－	＋	＋	＋	－	－	－

试在显著水平 $\alpha=0.05$ 下检验这两个灌区中土壤镉含量是否服从同一分布。

解   首先做假设。假设 H_0：两灌区中土壤的含镉量服从同一分布。

由表可见：$n=19$（舍弃一相等项）

$$n_+=10,\ n_-=9$$
$$\gamma=\min\{n_+,n_-\}=9$$

由附表 6 查得

$$\gamma_{0.05}(19)=4$$

显然有：$\gamma=9>\gamma_{0.05}(19)=4$，接受原假设 H_0，即认为两灌区土壤的含镉量分布相同。

在 Excel 中，将灌区甲和灌区乙的 Cd 含量监测值分别输入到 A 列和 B 列，在 C1 输入"符号"，在 C2 单元格输入公式"=IF(A2＞B2,"＋",IF(A2＝B2,"0","－"))"，然后复制到余下单元格。

统计"＋"号个数的公式是"=COUNTIF(C2:C21,"＋")"；

统计"－"号个数的公式是"=COUNTIF(C2:C21,"－")"。

4.6.2   秩和检验法

秩和检验法也是一种两样本总体分布是否一致的非参数检验法，它比符号检验法的精度要高一些。

秩和检验法的基本思想是，对样本量分别为 n_1 和 n_2 的两样本，按数值大小次序混合排列，并顺序编上号码，所编的号码称为该数值的秩。最小的秩为 1，最大的秩为 (n_1+n_2)。如果两样本的总体服从同一理论分布，则两样本的观察值在多数情况下是相间排列的。若定义样本观察值秩之和为该样本的秩和，那么两样本的秩和差别不会太大，一样本的秩和比另一样本的秩和大得多或小得多的情况应是极少发生的情况，即小概率事件。因此，可以确定出秩和的上下界限 T''_α 和 T'_α，与统计量 T 进行比较，从而判断两样本总体的分布是否一致。在秩和检验法中，一般采用样本容量较小的样本进行统计判别。

秩和检验法的检验步骤如下：

（1）建立统计假设。

H_0：两样本代表的总体具有相同的分布。

H_1：两样本代表的总体具有不同的分布。

（2）选择显著性水平 α，一般选 $\alpha=0.05$ 或 $\alpha=0.01$。

（3）计算统计量 T，将两样本按数值大小次序混合排列，并顺序编上号码，即秩，计算样本容量较小的样本的秩和 T。

（4）确定临界值 $T_\alpha(n_1,n_2)$，由附表 7 查得秩和的下限值 $T'_\alpha(n_1,n_2)$ 和秩和的上限值 $T''_\alpha(n_1,n_2)$。

（5）判别假设成立与否。

若 $T'_\alpha<T<T''_\alpha$，则在显著性水平 α 条件下，接受假设 H_0，即认为两样本总体的分布相同。

若 $T\geqslant T''_\alpha$ 或 $T\leqslant T'_\alpha$，则在显著性水平 α 条件下，否定假设 H_0，接受备选假设 H_1，即认为两样本的总体分布不相同。

例 4.12　甲、乙两人对某气体样的一氧化碳浓度同时进行测定，得到数据如表 4.17 所示：

表 4.17　CO 浓度测定结果

| 甲 | 1.52 | 1.48 | 1.50 | 1.47 | 1.55 | 1.46 | 1.58 | 1.40 | — |
| 乙 | 1.51 | 1.46 | 1.43 | 1.54 | 1.39 | 1.58 | 1.41 | 1.59 | 1.45 |

试在显著性水平 $\alpha=0.05$ 下检验两人的分析结果有无差异。

解　首先把所给的数据按大小顺序排列成表 4.18。

表 4.18　数据排序

秩	1	2	3	4	5	6，7	8	9
甲		1.40				1.46	1.47	1.48
乙	1.39		1.41	1.43	1.45	1.46		
秩	10	11	12	13	14	15，16	17	
甲	1.50		1.52		1.55	1.58		
乙		1.51		1.54		1.58	1.59	

假设 H_0：两人分析结果无差异。

统计量为

$$T=2+6.5+8+9+10+12+14+15.5=77$$

这里，1.46 和 1.58 两个值甲、乙均有，分别并列在第 6、7 位数和第 15、16 位数上，计算秩和可取平均数 6.5 和 15.5。

查附表 7 可得上下临界值（$n_1=8$，$n_2=9$）。

$$T''_\alpha(n_1,n_2)=T''_{0.05}(8,9)=90$$
$$T'_\alpha(n_1,n_2)=T'_{0.05}(8,9)=54$$

显然有：$54<77<90$。接受原假设 H_0，即认为两个人分析结果无显著性差异。

用 Excel 计算方法如下：

将甲、乙两人的测定数定数依次输入在 A 列，在 B1 输入"秩"，在 B2 输入编秩公式 "＝RANK(A2,\$A\$2:\$A\$19,1)＋(COUNT(\$A\$2:\$A\$19)＋1－RANK(A2,\$A

$2;$A$19,0) − RANK(A2,$A$2;$A$19,1))/2”，并复制到 C3；C19。

任选一单元格，输入公式 "＝SUM(B2;B9)"，计算样本容量较小的样本的秩和 $T=76$。

查表得显著性水平 0.05 时的临界值分别为 54 和 90，接受原假设 H_0，即认为两个人分析结果无显著性差异。

 思考与练习

1. 已知某炼铁厂的铁水含碳量服从正态分布 $N(4.40,0.052)$，某日测得 5 炉铁水的含碳量如下：4.34，4.40，4.42，4.30，4.35，如果铁水含碳量的方差不变，该日铁水含碳量的均值是否显著降低？（取显著性水平 $\alpha=0.05$）

2. 某标准物质 A 组分的浓度为 $4.47\mu g/g$，现用某种方法重复测定 A 组分 5 次，测定值分别为 4.28、4.40、4.42、4.37、4.35$\mu g/g$。若该方法在相应水平的总体方差 $\sigma^2=(0.108\mu g)^2$，问该法测定结果是否偏低？

3. 在水质分析质量控制中，已知控制样品总铬的保证值为 0.90mg/L，现对该控制样品中铬测定 10 次，测定结果为 0.875、0.930、0.920、0.880、0.880、0.895、1.006、0.992、1.010、1.041 mg/L，均值 0.942mg/L，问该测定结果是否偏高？

4. 两个实验室用某种方法对同一控制样品进行测定，其中甲实验室测定 8 次的标准差 $s_1=0.57$mg/L，乙实验室测定 7 次的标准差 $s_2=0.35$mg/L。问这两个实验室的测定值是否具有相同的精密度？

5. 对某样品中 A 物质用标准分析方法测定，标准差为 2.00mg/L，现采用一种新方法测定，7 次测定值分别为 23.3、22.1、24.7、20.1、25.6、20.1、24.7mg/L，问新方法与标准方法精密度是否一致？

6. 某实验室将配制的铁标准溶液与统一发放的同一浓度水平的铁标准溶液在相同的条件下，用同一种方法各测定 5 次，前者测定的均值为 3.05mg/L，标准差为 0.020mg/L，后者测定的均值为 3.03mg/L，标准差为 0.018mg/L。问该实验室配制的铁标准溶液是否与统一发放的铁标准溶液浓度一致？

7. 用甲、乙两种方法同时测定某废水样品中镉含量。其中甲法测定 10 次，均值为 $5.28\mu g/L$，标准差为 $1.11\mu g/L$；乙法测定 9 次，均值为 $4.08\mu g/L$，标准差为 $1.04\mu g/L$。问两种方法测定结果有无显著差别？

8. 用原子吸收分光光度法测定某水样中铅的含量，测定结果为 0.306mg/L。为检验准确度，在测定水样的同时，平行地测定含量为 0.250mg/L 的铅标准溶液 10 次，所获数据为 0.254、0.256、0.254、0.252、0.247、0.251、0.248、0.254、0.246、0.248mg/L，测定结果的平均值 0.251mg/L，标准差 0.00352mg/L。试评价该水样测定结果。

9. 测定某水库中 A 污染物的浓度，在平水期取样测定 9 次的均值为 10.62mg/L，标准差为 2.72mg/L；枯水期取样测定 8 次的均值为 11.96mg/L，标准差为 2.91mg/L。问该水库平水期和枯水期 A 污染的浓度是否有显著性差别？

10. 用甲、乙两种方法测定某样品中 A 物质的含量（%），测定结果如下。问这两种方法的测定结果是否有显著性差别?

甲法: 3.29, 3.10, 3.20, 2.90, 2.93, 3.15

乙法: 3.22, 3.15, 3.55, 2.90, 3.10, 2.95

11. 某排污口排出的废水中, 经长期监测, 其含油浓度为 $8mg/L$, 标准差为 $2mg/L$, 服从正态分布。现抽取一个 $n=16$ 的样本, 测得平均含油浓度为 $10mg/L$。问含油浓度与长期监测结果是否有显著性差别?

12. 用二氧化硫检气管法和硫酸钡比浊法在现场监测同一气体中的二氧化硫含量, 结果如下表, 试用秩和检验比较两法测定的结果有无显著性差别。

样本号	检气管法/(mg/L)	硫酸钡比浊法/(mg/L)
1	0.005	0
2	0.045	0.04
3	0.012	0.047
4	0.006	0.016
5	0.017	0.015
6	0.005	0.008
7	0.027	0.021
8	0.040	0.035

13. 某城市在甲、乙两个交通路口测定交通噪声 (dB), 在一天中从上午 7 点到下午 5 点, 每隔 1h 测一次, 结果如下。试用秩和检验比较两路口交通噪声有无显著性差别。

甲路口: 56, 61, 68, 69, 59, 57, 60, 64, 65, 64, 68

乙路口: 61, 64, 65, 66, 60, 59, 67, 62, 63, 66, 64

第5章　城市环境统计

5.1　城市基本情况统计

城市是一个多因素、多层次、多功能的开放的人工生态系统，同时也是一个人口集中、社会经济相对发达的动态系统。因此，城市环境统计涉及面很广。城市基本情况统计包括城市范围、城市土地利用现状、人口状况、相关的经济技术指标统计，以及与环境保护有关的城市基础设施建设和城市绿化状况统计。

5.1.1　城市范围

1. 城市类型

城市是指以非农产业和非农人口聚集为主要特征的居民点，包括按国家行政建制设立的市和镇。

城市按行政区划可分为直辖市、省辖市、一般城市和县级市等；按职能可分为综合性城市（行政、商业、经济中心）和专业性城市（工矿业城市、交通枢纽城市、边境口岸城市、特区城市、文化旅游城市等）；按人口多少可分为 200 万人以上、100 万~200万人、50 万~100 万人、20 万~50 万人、20 万人以下等不同规模的城市。

2. 城市的市域、市区和区划

城市的市域是指城市行政管辖的全部地域，即城市行政区，包括市区和郊区，但不包括市辖县。

市区是指城市行政区范围内不包括郊区的集中联片部分，它可能是一个闭合的完整区域，也可能由几个孤立的闭合区域组成。

城市区划是根据区域自然和社会环境的组成、结构及功能特点，研究其空间分布规律，划分出各种不同的环境单元，研究区域经济发展与环境污染及生态破坏的规律，以揭示各环境区经济发展的环境负荷、承载能力以及其发展趋势，为各环境区的环境规划和环境管理提供科学依据。

城市总体规划中，为合理利用自然环境条件，改善城市环境，将市区按功能性质划分为布局合理的若干小区，即城市功能区。这些功能以其固有特点，要求自己的组合、位置、环境特点只有满足其固有特点时，才能发挥良好的作用。城市功能分区的原则是城市规划必须遵循的原则，一般大型城市按功能可分为工业区、商业区、行政中心区、文教区、风景名胜区、居住区等，中小城市的功能区较小，甚至不明显。

5.1.2　城市基础设施建设统计

5.1.2.1　城市供水统计

城市供水是指城市公共供水和自建设施供水。城市供水情况的主要统计内容包括：

（1）自来水供水企业。指以公共供水管道及其他附属设施向单位和居民的生活、生产和其他各项建设提供用水的供水单位。

（2）自建设施供水单位。用水单位以其自行建设的供水管道及其附属设施主要向本单位的生活、生产和其他各项建设提供用水。

（3）水资源。指地表水和地下水。地表水是指江河、运河、渠道、湖泊、水库等具有使用功能的地表水域。地下水指地下水域，但不包括地下热水、矿水、盐卤水。

（4）供水总量。指水厂、自建供水设施供出的全部水量。

$$供水量＝有效供水量＋损失水量$$
$$有效供水量＝销售量＋免费供水量$$

（5）售水量。指收费供应的水量。包括生产运营用水、公共服务用水、居民家庭用水和消防及其他特殊用水。

生产运营用水是指在城市范围内生产、运营的农、林、牧、渔业、工业、建筑业、交通运输业等单位在生产、运营过程中的用水。

公共服务用水是指为城市社会公共生产服务的用水。包括行政、事业单位、部队营房、商业和餐饮业以及其他社会服务业等行业的用水量。

居民家庭用水是指城市范围内所有居民家庭的日常生活用水。包括城市居民、农民家庭、公共供水站用水。

消防及其他用水是指城市灭火以及除居民家庭、公共服务、生产运营用水范围以外的各种特殊用水。

（6）用水普及率。指城市用水人口与城市人口或供水区面积与建成区面积的比率。计算公式为

$$用水普及率＝\frac{城市用水人口}{城市人口}×100\%　（按人口计算）$$

或
$$用水普及率＝\frac{供水区面积}{建成区面积}×100\%　（按面积计算）$$

（7）人均日用水量。指每一城市用水人口平均每天的用水量。

5.1.2.2　城市节水统计

城市节水的主要统计指标有：

（1）工业用水重复利用量，指工业企业所有未经过处理或经过处理后重复利用的水量之和。

（2）工业用水重复利用率，指工业用水重复利用量与工业用水总量之比。

5.1.2.3 城市气化率

城市气化率（城市用气普及率）是指市区居民使用煤气、液化气、天然气、工业可燃气的城市非农业人口数占城市非农业人口总数的比例。计算公式

$$城市气化率 = \frac{用气的市区非农业人口数}{市区非农业人口总数} \times 100\%$$

5.1.2.4 城市供热统计

供热是指向用户提供热能的技术。集中供热是指由热源厂所生产的蒸汽、热水通过管网向城区的全部或部分地区供给生产和生产热能的方式。

集中供热普及率指实际集中供热面积与需要供热面积之比。计算公式：

$$集中供热普及率 = \frac{实际供热面积}{需要供热面积} \times 100\%$$

由于"需要供热面积"指标难以统计，计算时可用"房屋实有建筑面积"指标替代。

5.1.2.5 城市排水统计

城市排水是指城市中对生活污水、产业废水（原工业废水现改为产业废水）和雨水的排除行为，包括公共排水和自建排水。

1. 污水处理能力

污水处理能力指污水处理厂（或处理装置）每昼夜处理污水量的实际能力。

2. 污水处理率

污水处理率指经过处理的城市污水（生活污水和工业废水）量占污水排放总量的比重。计算公式为

$$污水处理率 = \frac{污水处理量}{排水排放总量} \times 100\%$$

据统计，"十一五"期间我国城市污水处理率为由 51.95% 提高到 75.25%。

3. 污水达标排放率

污水达标排放率指达到国家排放标准的外排生活污水、产业废水量与生活污水、产业废水排放总量之比。计算公式为

$$污水达标排放率 = \frac{污水处理达标排放量}{污水排放总量} \times 100\%$$

4. 污水回用量

污水回用量指城市污水（生活污水和工业废水）经过处理后再利用的水量，包括杂用（工业冷却、洗涤、冲渣和生活冲厕、洗车等）和用于农田灌溉、养鱼等。污水的三

级处理厂与相应的输配水管道结合起来，将城市污水处理后的水再利用，就近回用于工业、农业或城市杂用，形成城市的中水道系统。

5.1.2.6 城市生活垃圾处理统计

城市生活垃圾处理统计主要统计垃圾年产生量、年处理能力、年处理率。

5.1.3 城市园林绿化统计

1. 人均公共绿地

人均公共绿地指区域范围内常住人口平均每人拥有的公共绿地面积。计算公式为

$$人均公共绿地面积（m^2/人）=\frac{区域内公共绿地面积}{区域内常住人口数}$$

2. 绿化普及率

绿化普及率指区域范围内绿化覆盖面积与区域内总面积的比率。计算公式为

$$绿化普及率=\frac{区域范围内绿化覆盖面积}{区域总面积}\times100\%$$

绿地率指区域范围内园林绿地面积与区域内总面积的比率。计算公式为

$$绿地率=\frac{区域范围内园林绿地面积}{区域总面积}\times100\%$$

5.2 城市环境质量统计

5.2.1 城市大气环境质量统计指标

5.2.1.1 城市大气环境质量的影响因素

城市大气环境质量的影响因素非常复杂，最主要的影响因素有城市自然环境、气候条件和大气环境污染物的排放情况。对于某一固定的城市而言，自然环境和气候条件影响的变化规律通过多年统计分析是基本稳定和可以掌握的。在这种情况下，大气环境质量就主要取决于污染物的排放情况，其中污染物热电厂排放总量和排放浓度是主要的控制指标，而空气中某一污染物的稳定浓度即是反映城市大气环境质量的指标。污染物的稳定浓度多以日平均值、年日平均值、瞬时值等指标。实际空气污染物浓度监测值是日变化、日际变化、月变化和年变化都具有比较明显的特征。其原因是浓度的日变化主要受城市大气边界层气象条件的日变化所影响，而空气污染物浓度的目标变化则主要是受不同天气系统控制及其相互更替的影响。

5.2.1.2 影响城市大气环境质量的主要污染物

影响我国城市大气环境质量的主要污染物可以归纳为三类，即无机物、有机物和颗

粒物。

（1）无机物主要包括硫氧化物、氮氧化物、一氧化碳、二氧化碳、氨、氯化物、氟化物、臭氧等。

有机化合物主要包括：碳氢化合物、醇类、醛类、酯类、酮类等。

（2）颗粒物主要包括固态颗粒物（主要是尘：烟尘、粉尘和扬尘）、液态颗粒物（主要是酸雨和酸雾）、生物颗粒物（主要是微生物、植物种子与花粉）等。

（3）根据多年的监测结果表明，目前和在一个相当长的时期内，我国城市大气污染物最重的要是 SO_2、尘、氮氧化物和有机化合物，最主要的污染源是工业企业、城市生活活动、汽车尾气和建筑施工。这也是城市大气环境质量主要的统计指标。

5.2.1.3 主要大气污染物的来源分析

在地球大气中，大约 95％以上的 SO_2 是由人类生活和生产过程中燃料燃烧产生的。其中特别是煤、石油、天然气等矿物质燃料的燃烧。一般城市 SO_2 的主要来源包括以下两部分：①城市区域内的源：工业源、民用源、交通源。其中，工业源主要包括工业锅炉和窑炉两大类；民用源主要包括生活锅炉、茶（浴）炉、商灶和居民灶四大类；交通源主要包括汽车、火车、飞机等流动源。②城市区域外的源：主要是城市郊区、县污染源对市区的影响，或说外来源的贡献。

尘的来源主要包括燃烧产生的烟尘、工业生产过程产生的粉尘和扬尘（一次扬尘与二次扬尘）。从粒径上划分为总悬浮微粒（TSP）和飘尘（国家目前环境标准中规定的）。尘的来源与 SO_2 的来源相比更复杂，从总量控制考虑，主要包括三部分：

（1）城市或区域内的源。主要是人为源和混合源。人为源主要工业源、民用源、二次源和交通源；混合源（即人力自然力混合产生的尘源）主要包括一次扬尘和二次扬尘。它们主要是城市堆料、废渣、建筑、装卸、运输、土壤以及降尘在人为扰动力的和风力的共同作用下产生的。其中工业源主要包括工业锅炉和窑炉两大类；民用源主要包括民用锅炉、茶（浴）炉、商灶和居民灶四大类；二次源主要包括排放到大气中的各种污染气体，经过物理、化学转化生成气溶胶粒子；交通源主要包括汽车、火车、飞机等流动源。中国城市的颗粒物污染水平一直是以 TSP（空气动力学直径小于 $100\mu m$）来评价的，近来细颗粒物的影响已逐步受到关注，对颗粒物的化学成分也进行了一定的研究。

（2）外来源。主要是指城市控制区域以外的人为源、自然源及混合源的影响。其中，人为源和混合源同上面所述，自然源主要是自然风沙，如尘暴等。

（3）尘的粒径分布。由于空气中颗粒物的生成、输送、去除、对人体的危害、化学成分及其治理方法，都与粒径的尺度直接相关。因此，为了计算工作的精确和控制对策的的有的放矢，必须对主要源产生尘的粒径分布进行调查分析。目前，国家从评价大气环境质量出发，制订了两级国家标准，即空气动力学直径小于 $100\mu m$ 的粒子称为总悬浮粒，直径小于 $10\mu m$ 的粒子称为飘尘。

作为主要的移动大气污染源，汽车尾气对大气的污染问题也愈发严重。机动车的大气污染物包括一次污染和二次污染。一次污染主要包括氮氧化物、挥发性有机物、一氧化碳和颗粒物等；二次污染是一次污染物在光、热和其他大气过程的作用下发生化学反应而生成的污染物，主要包括臭氧、多环芳烃和硝基有机化合物。

5.2.1.4　城市大气环境质量及其趋势统计分析

"十一五"期间，我国城市空气质量逐年提高。据《2010 年全国环境质量状况报告》显示：2010 年，环保重点城市空气污染物年均浓度达到国家环境空气质量二级标准的城市比例为 73.5％，较 2009 年提高了 6.2％，较 2005 年提高了 30.3％。95.6％的重点城市空气质量优良天数超过 292 天，比 2005 年提高了 27.1％，达到《国家环境保护"十一五"规划》目标（＞75％）要求。

2010 年，重点城市空气中二氧化硫年均浓度较 2009 年下降了 2.3％，二氧化氮和可吸入颗粒物年均浓度分别上升 2.9％和 1.1％。与 2005 年相比，二氧化硫、可吸入颗粒物年均浓度分别下降了 26.3％和 12.0％，二氧化氮年均浓度基本持平。

5.2.2　城市水环境质量统计

城市水域主要分为：①一般城市地表水，主要指流域经过的城市河段；②城市饮用水，主要指城市饮用水源地，包括城市水域的上游河段、城市附近作为饮用水的湖泊、水库等水域，不包括地下水；③城市封闭性水域，主要指城市中或附近的水库、湖泊、海域等；④纳污河（排污沟），指专门用于接纳工业废水和城市生活污水的废水沟。

城市环境保护工作要坚决保证生活饮用水源的安全，要逐渐实施生活饮用水源水环境报告制度，定期公布生活饮用水源的水环境质量报告。还要统计饮用水源水质达标率。

5.2.2.1　城市水环境质量统计指标

从 20 世纪 70 年代末，我国开始对水环境质量进行监测，将监测数据统计后用手编写环境质量报告书。从 20 世纪 80 年代的一年一次报告书，发展到现在的环境质量年报、季报、月报、周报，对水环境质量监测数据的统计要求越来越高，与环境管理的结合也越来越紧密。环境监测是一项政府行为，职责要求我们不仅要说清楚水环境质量的状况，还应该根据监测和污染源排放的统计数据说清楚环境质量与污染源排放之间的相互关系，为环境管理提供决策依据。

根据我国 20 世纪 70 年代水质污染状况以无机污染物和重金属污染为主的特点，1981 年颁布的《环境监测技术规范》中规定，地面水质常规监测项目为 41 个，其中必测项目为 22 个。在 22 个必测项目中重金属 6 个、无机污染物及综合性指标 14 个、有机污染物 2 个。绝大部分国控网站均能完成必测项目的监测分析，部分网站开展了地下水质的监测项目（共 25 项）。

按照《地面水环境质量标准》（GHZB1—1999）及水环境功能区划的要求，国控河流及省控河流均进行了点位布设的优化工作。为满足了解环境质量状况、环境管理的需要，我国水环境质量监测布点的原则主要从监测断面的代表性、完整性、科学性、可行性等方面加以考虑。对一般河流设置下列几种断面：

（1）对照断面。反映进入本地区河流水质的初始情况。设置在进入城市、工业区废水排放口的上游，基本不受本地区污染的影响。

（2）控制断面。主要反映本地区排放的废水和河段水质的影响。其位置应设置在排污区（口）的下游，污染物与河水以较充分混合处。根据河段的污染源分布和废水排放情况，可设置一个至数个控制断面。控制断面与废水排放口的距离应根据主要污染物和迁移、转化规律以及河水流量和河道水力特征确定。

（3）削减断面。反映河流对污染物的稀释净化情况。设置在控制断面的下游，主要污染物浓度有显著下降处。

（4）背景断面。反映水系或河流水质的背景值。位置应设在基本不受人类活动的影响，远离城市，居民稠密区、工业区、农药及化肥施放区、主要交通线等，一般设置在河流上游不受污染的河段或接近源头处。

对于各种特殊情况还应设置出、入境断面和化学异常断面等。

我国地域辽阔，水文、气候等情况差距大，故各地的水质监测时间与采样频率不统一。一般河流环境监测按照水系的丰、枯、平三期各采样两次进行，饮用水源地每月一次；排污渠全年不少于三次；湖泊及水库枯、丰水期各一次；潮汛河流全年按枯、丰、平三期，每期采样两天，分别在大潮期和小潮期进行，每次应采当天涨、退潮水样分别测定。

我国现行的地面水采集方法以手工采样为主，除 pH、水温等几个水文参数外，一般都在现场用化学剂固定采集的水样，运回实验室分析。手工采样主要有两种方式，采样器和水桶（勺），一般以水桶或水勺方式为主。采样位置一般都选择在水质断面附近的桥上，用采样器或水桶采样，或者采取涉水和长柄水勺采样断面采样。对于大江大河和湖泊水库，则使用船只接近采样断面。采集的水样按要求固定和装箱后，采用汽车运输方式运回实验室分析。一般情况下可在当天运回，但有些边远的采样点则需要两天或更长的时间。

我国《地面水环境质量标准》（GHZB1—1999）中所有的监测项目均已有配套的国家标准分析方法。我国污水综合排放标准（GB8978—1996）中的 69 项污染物中已有 90％的项目配套了国家标准分析方法，其余的已列入了研究计划。原国家环保总局 1989 年组织修订的《水和废水监测分析方法》第 3 版中共有 91 个项目 216 个监测方法，这些方法基本上都是经过多家实验室验证的统一方法，其中一部分已陆续上升为国家标准分析方法。

在监测数据的传递方面，1991 年已由传统的报表方式改为软盘传输；1995 年开始筹建国控网站 FAX 有线微机传输网络建设，已有 100 个国控网站配置了有关设施；2000 年部分水体环境监测数据（主要是水质自动监测站）开始采用卫星通讯方式传输。这种科技进步带来了由原来一年一次的环境质量报告书到现在可以编制环境质量月报、快报及专题简报等，不仅加强了环境质量报告的及时性和针对性，也为环境质量的预测预报打下了坚实的基础。

5.2.2.2　水质指标统计方法

1. 地表水数据统计方法（表 5.1）

表 5.1　水质指标统计方法

指标	按水期统计方法	按年度统计方法
水样总数	某断面某水期内分析的水样总数	某断面全年分析的水样总数
平均值	某断面某水期水样检出浓度数值总和除以某断面某水期水样总数	某断面全年内各水期水样检出浓度数值的算术平均值再加权平均计算
最大（小）值	某断面某水期分析水样中数据最大（小）的浓度值	某断面全年分析水样中数据最大（小）的浓度值
最大值或超标倍数	某断面某水期水样浓度最大值除以地面水标准值	某断面全年水样浓度最大值除以地面水标准值
超标率/%	某断面某水期水样超标次数除以某断面某水期水样总数	某断面全年水样超标次数除以某断面全年水样总数

2. 常用的综合评价方法

1）地表水综合污染指数

$$P_j = \sum_{i=1}^{n} P_{ij} \qquad (5.1)$$

$$P_{ij} = \frac{C_{ij}}{C_{i0}} \qquad (5.2)$$

式中：P_j——j 断面水污染综合指数；

　　　P_{ij}——j 断面 i 项污染物的污染指数；

　　　C_{ij}——j 断面 i 项污染物年平均值；

　　　C_{i0}——项污染物评价标准值；

　　　n——参与评价污染物项数。

2）污染分担率

$$K_i = \frac{P_{ij}}{P_j} \times 100\% = \frac{P_j}{\sum\limits_{i=1}^{n} P_{ij}} \times 100\% \qquad (5.3)$$

式中：K_i——污染物在该断面诸断面污染物中的污染分担率；

　　　P_{ij}、P_j、n——综合污染指数。

3）污染负荷比

$$K_j = \frac{P_j}{\sum\limits_{j=1}^{m} P_{ij}} \times 100\% \qquad (5.4)$$

式中：m——参数与评价的断面数；

　　　K_j——j 断面的污染负荷比。

5.2.3 城市声环境质量统计

城市声环境质量统计除了要反映超标噪声源的数量、环境噪声达标区覆盖率等项指标外，还要统计区域环境噪声平均值和城市交通干线噪声平均值两项指标。

5.2.3.1 区域环境噪声平均值

区域环境噪声平均值是指建成区环境噪声网络监测的等效声级算术平均值，计算公式为

$$\overline{L}_{eq} = \frac{\sum L_{eq}}{n} \qquad (5.5)$$

噪声平均值是整个建成区内接网络布点定期监测噪声（A声级）的结果计算出等效噪声级，再求出全市的算术平均值。

监测区域环境噪声的测点（网格数）必须大于 200 个，监测范围为建成区。空旷域（仅指农田、湖面和城市近期规划中不用的建筑用地）可不检测，或检测结果不参与平均值计算，计算监测面积时应扣除这部分区域。若网格在工矿企业内部可不予监测，或检测结果不参与平均值计算，如网络部分在企业外部，且网格部分中心点在企业外部，应进行监测，并参与平均值计算。

5.2.3.2 城市交通干线噪声平均值

城市交通干线噪声平均是指建成区交通干线等效声级平均值。计算公式为

$$\overline{L}_{eq} = \frac{\sum SL_{eq}}{\sum S} \qquad (5.6)$$

城市交通干线噪声平均值是建成区内白天正常工作时间中平均车流量等于或超过 100 辆/h 的各路段交通干线上定期测噪声（A声级）的结果。不是指交通干线的瞬时值，而是平均值，并计算出等效声级，再以各段道路的长度 S，求出等效声级的加权平均值。

5.3 城市环境综合整治定量考核统计

5.3.1 城市环境综合整治定量考核制度

城市环境综合整治定量考核是一项重要的环境管理制度。1988 年国务院环境保护委员会发布的《城市环境综合整治定量考核的决定》和《城市环境综合整治定量考核实施办法》（暂定）规定，考核的指标包括城市环境质量、污染控制、环境建设三个方面，大气环境保护、水环境保护、噪声控制、固体废弃物、绿化等五项内容共 20 项指标。自 1989 年以来，原国家环境保护总局连续多年对环境保护重点城市进行了定量考核，每年公布考核结果。

为实施城市环境综合整治定量考核而制订并公布的技术文件有：《城市环境综合整治定量考核指标解释与计算方法》、《城市环境综合整治定量考核指标分解表》、《城市环境综合整治定量考核监测实施细则》、《城市环境综合整治定量考核监测布点验收方案》以及一系列补充说明等。

5.3.2 城市环境综合整治定量考核指标

1996 年原国家环保总局《关于下达〈"九五"城市环境综合整治定量考核指标实施细则〉的通知》对原考核指标进行了较大的调整。调整后的指标见表 5.2。

表 5.2 城市环境综合整治定量考核指标及其标准

项目	序号	指标名称	计量单位	上限值	下限值	权重	考核范围
环境质量	1	大气总悬浮微粒年日均值	mg/m³	北方 0.6 南方 0.5	北方 0.18 南方 0.08	4	认证点位
	2	二氧化硫年日均值	mg/m³	0.10	0.02	3	认证点位
	3	氮氧化物年日均值	mg/m³	0.10	0.05	3	认证点位
	4	饮用水源水质达标率	%	100	80	6	认证点位
	5	城市地面水质达标率	%	100	60	6	认证点位
	6	区域环境噪声均值	dB（A）	62	56	4	认证点位
	7	交通干线噪声均值	dB（A）	74	68	4	认证点位
污染控制	8	水污染总量削减率	%	10	0	4	城市地区
	9	大气污染物总量削减率	%	*	*	4	城市地区
	10	大气污染物总量削减率	%	100	50	4	建成区
	11	噪声达标区覆盖率	%	50	10	4	城市市区
	12	工业废水排放达标率	%	90	30	4	城市市区
	13	汽车尾气达标率	%	80	30	3	城市市区
	14	民用型煤普及率	%	90	0	3	城市市区
	15	工业固废综合利用率	%	80	20	4	城市市区
	16	危险废物处置率	%	100	20	4	城市市区
环境建设	17	城市污水处理率	%	40	0	4	城市市区
	18	城市集中供热率	%	40	0	3	城市市区
	19	城市气化率	%	90	40	3	城市市区
	20	生活垃圾处理率	%	90	0	4	城市市区
	21	建成区绿化覆盖率	%	40	10	3	建成区
	22	自然保护区覆盖率	%	8	0	3	城市地区
环境管理	23	城市环保投资指数	%	2	0	4	城市地区
	24	环保机构建设	%	**	**	3	城市地区
	25	"三同时"合格率	%	100	50	3	城市地区
	26	排污费征收面	%	100	50	1.5	城市地区
	27	排污费收率	%	2	0.5	1.5	城市市区
	27	污染防治设施运行率	%	100	50	3	城市市区

注：*烟尘和工业粉尘排放总量削减率各计 1.5 分，削减率大于 10% 即得 1.5 分，削减率为 0 时，计 1.0 分；SO₂ 排放总量削减率计 1.0 分，削减率大于或等于 0 时即得 1.0 分；以上削减率小于 0 时不得分。

**城市及所辖区、县（市），全部建立了独立的环保行政机构得 3 分，否则不得分。

总量控制考核中，大气考核烟尘、粉尘、二氧化硫三种污染物总量削减率，水污染物考核 COD、总氮、总磷的总量削减率，污染物总量削减率的计算公式如下：

$$某种污染物总量削减率 = \frac{某种污染物总量削减量}{某种污染物产生总量} \times 100\%$$

烟尘控制区覆盖率是指城市建成区已建成的烟尘控制区面积占城市区总面积的百分比：

$$烟尘控制区覆盖率 = \frac{建成区各烟尘控制区面积之和}{建成区总面积} \times 100\%$$

环境噪声达标区覆盖率是指建成区内已建成的环境噪声达标区面积，占建成区总面积的百分比，计算公式如下：

$$环境噪声达标区覆盖率 = \frac{环境噪声达标区面积}{建成区总面积} \times 100\%$$

工业废水达标率是指工业废水排放达标量占工业废水排放总量的百分比。计算公式如下：

$$工业废水排放达标率 = \frac{工业废水达标排放量}{工业废水排放量} \times 100\%$$

民用型煤普及率是指市区居民、饮食服务、集体炊事使用的型煤量占上列三项民用型煤总量的百分比。计算公式如下：

$$民用型煤普及率 = \frac{市区三项民用型煤量}{市区三项民用型总量} \times 100$$

汽车尾气达标率是指市区汽车年检尾气达标率与汽车路（抽）检尾气达标率的平均值。年检尾气达标率不指年检尾气首检达标的汽车总数占城市交通部门注册的汽车在用数的百分比。路（抽）检尾气达标率是路（抽）检尾气达标的本市汽车数占路（抽）检本市汽车总数的百分比。计算公式如下：

$$汽车尾气达标率 = \frac{1}{2}\left(\frac{所检尾气达标的汽车数}{城市汽车在用数} + \frac{路（抽）检尾气达标的本市汽车数}{路（抽）检本市汽车总数}\right) \times 100\%$$

自然保护区覆盖率是指城市地区内自然保护区面积占城市市区面积的百分比。计算公式如下：

$$自然保护区覆盖率 = \frac{城市地区内自然保护区面积}{城市地区总面积} \times 100\%$$

污染防治设施运行率是指正常运行的污染治理设施数占污染防治设施总数的百分比。计算公式如下：

$$污染防治设施运行率 = \frac{正常运行的污染治理设施数}{污染防治设施总数} \times 100\%$$

 思考与练习

1. 城市基本情况统计主要包括哪些方面的内容？

2. 城市环境质量统计主要包括哪些方面？

3. 简述城市大气环境质量统计的主要内容。

4. 简述城市水环境质量统计的主要内容。

5. 城市声环境统计的主要指标及其含义是什么？

6. 简述城市环境综合整治定量考核统计指标的范围。

第6章 农村环境统计

6.1 农村环境统计

1. 农药、化肥、农用薄膜统计

（1）农药施用量，指单位土地面积上每年施用农药的总量。反映区域内农作物的抗虫性和抗病性以及生物天敌的保护程度。

（2）化肥施用量，指单位土地面积上每年施用化肥的总量。反映区域内由于施用化肥对农作物、土壤结构、地表和地下水源所产生的直接或潜在的危害程度。

（3）农用薄膜回收率，指区域内回收薄膜量占使用量的百分比。

（4）生物防治推广率，指区域内利用生物防治技术防治病虫、草害面积占区域需要防治面积的百分比。

（5）有机无机肥施用比例，指区域内施用的有机和无机肥的比例，采用氮的纯量计算。

（6）测土配方施肥率，指根据不同土壤的肥力状况，按 N、P、K 合理比例施肥，提高化肥利用率和农业生态效率的重要措施之一。

2. 畜禽养殖污染排放及治理情况统计

2001 年 5 月原国家环保总局发布的《畜禽养殖污染防治管理办法》中规定："本办法中的畜禽养殖场，指常年存栏量为 500 头以上的猪、3 万只以上的鸡和 100 头以上的牛的畜禽养殖场，以及达到规模标准的其他类型的畜禽养殖场。其他类型的畜禽养殖场的规模标准，由省级环境保护行政主管部门根据本地区实际，参照上述标准作出规定。"

（1）畜禽养殖场的数量，指达标到规模标准的畜禽养殖场的数量。

（2）畜禽总存栏数，指达到规模标准的畜禽养殖场 1 年内畜禽总存栏数。对各种畜禽应分别统计。

（3）畜禽养殖用水总量，指达到规模标准的畜禽养殖场 1 年内畜禽用水总量。包括畜禽饮用水量和冲洗等用水量。

（4）畜禽粪尿及污水产生量，指达到规模标准的畜禽养殖场 1 年内的畜禽粪尿及污水产生的数量。

（5）畜禽粪尿及污水利用量，指达到规模标准的畜禽养殖场 1 年内的畜禽粪尿及污水用作肥料、饲料、生产沼气和燃料的数量。

（6）畜禽粪尿及污水排放量，指畜禽养殖场一年内的畜禽粪尿及污水产生量与其利用量、处理量之差。统计时应对排入水体的污水量、COD 量和氨氮量分别统计。

（7）畜禽污水处理设施数量，指用于处理畜禽养殖场污水和处理设施数量。

（8）畜禽污水处理量，指 1 年内处理畜禽养殖场污水的数量。

（9）在建畜禽污水处理设施数量，指正在建设的处理畜禽养殖场污水和设施数量。

（10）畜禽养殖场污染防治投放资金，指投入到畜禽养殖场用于建设、处理粪尿设施等的资金。

3. 秸秆禁烧区统计

（1）秸秆禁烧区面积，指秸秆焚烧和综合利用管理办法中规定的禁止在机场、交通干线、高压输电线路附近和省辖市（地）级人民政府划定的区域内焚烧秸秆的面积。

（2）禁烧区内秸秆生产量，指 1 年内禁烧区内秸秆产生的数量。

（3）禁烧区内秸秆综合利用量，指 1 年内禁烧区内秸秆用作饲料、生产沼气、加工压块燃料、提取煤气、轻工纺织和建材的原料、秸秆还田等数量。

（4）禁烧区内秸秆综合利用率，指 1 年内禁烧区内秸秆综合利用量占该区内秸秆产量的百分比。

6.2　生态环境统计

6.2.1　自然保护区统计

6.2.1.1　自然保护区的类别

我国自然环境保护区分为 3 个类别 9 个类型：

（1）自然生态系统类，包括森林生态系统、草原与草甸生态系统、荒漠生态系统、内陆湿地和水域生态系统、海洋和海岸生态系统 5 种类型。

（2）野生生物类，包括野生动物和野生植物 2 种类型。

（3）自然遗迹类，包括地质遗迹和古生物遗迹 2 种类型。

6.2.1.2　自然保护区的数量和级别统计

统计行政区域内自然保护区的总数、各个级别的数量，包括国家级、省级、市级和县级。

（1）行政区域内自然生态系统自然保护区的数量，包括森林、草原和草甸、荒漠、内陆湿地和水域、海洋和海岸等生态系统。

（2）野生生物类自然保护区的数量，包括野生动物和野生植物。

（3）自然遗迹类自然保护区的数量，包括地质地貌和古生物遗迹。

6.2.1.3　自然保护区面积统计

（1）行政区域内自然保护区的总面积，各级自然保护区的面积和各种类型自然保护区的面积。

（2）自然保护区总面积占辖区总面积的百分数。

6.2.1.4　管理机构与管理人员数统计

统计管理机构数、管理人员数和专业技术人员数。

我国自然保护区虽然发展迅速。但仍然存在许多问题，如有些地区部门的领导和群众对自然保护区的重要性仍缺乏足够的认识；部分保护区未明确划界，土地纠纷较多；许多自然保护区资金投入不足，管理条件差。不能满足发展的需要。我国自然保护区的管理由于没有理顺统一的管理体制，缺少监督管理机制，许多保护区由于资金不足或过于追求经济利益，造成过度开发与自然保护矛盾加剧。

6.2.2 生态示范区建设统计

6.2.2.1 生态示范区建设的概念

生态示范区建设是以生态学和生态经济学原理为指导，以协调社会经济发展和环境保护为主要目标，统一规划，综合建设生态良性循环、社会经济全面健康持续发展的示范性行政区域建设。

生态示范区是指经省级以上环境保护行政主管部门批准，以省、市、县政府为主，按批准的生态示范区建设规划实施的行政区域。包括已经过国家或省级环境保护行政主管部门验收的和正在开展试点工作的示范区。

6.2.2.2 生态示范区建设情况指标

生态示范区建设情况指标已纳入环境统计专业年报《各地区生态示范区建设情况》报表中。生态示范区建设情况指标包括：生态示范区的名称、级别（分国家级、省级、地市级、县级）、面积（hm^2）、人口总数（万人）、主要建设内容、国内生产总值（万元）、农民年均纯收入（元/人）、森林覆盖率（%）、绿色有机食品基地面积（hm^2）、秸秆综合利用率（%）、畜禽粪便处理率（%）、城镇人均公共绿地面积（m^2/人）、受保护陆地面积百分比（%）。

主要建设内容是指依据示范区建设规划内容，突出代表本示范区特点的在建项目的主要建设内容。

绿色、有机食品基地面积是指示范区内经国家绿色或有机食品办证机构认证的生产基地的面积。

城镇人均公共绿地面积是指示范区内城镇范围内公共绿地的人均值（人口按城镇人口中非农业人口计算）。

6.2.3 生态功能保护区建设统计

6.2.3.1 生态功能保护区建设的意义

生态功能保护区的环境保护是《全国生态环境保护纲要》中提出的全国生态环境保护新的举措。生态功能保护区是指在重要生态功能区内根据生态功能退化的程度划出一定面积，予以重点保护、建设和管理的区域。

重要生态功能区是指在保持流域、区域生态平衡。确保国家与区域生态环境安全、减轻和防止自然灾害方面具有重要作用的区域，包括江河源头区、重要水源涵养区、水土保持的重点预防保护区和重点监督区、江河洪水调蓄区、防风固沙区、重要渔业水域及其他具有重要生态功能的区域。

对重要生态功能区的现有植被和自然生态系统应严加保护,通过建立生态功能保护区,实施保护措施,防止生态环境的破坏和生态功能的退化。省域和重点流域、重点区域的重点生态功能区;建立国家级生态功能保护区;跨地(市)和县(市)的重要生态功能区;建立省级和地(市)级生态功能保护区。

对生态功能保护区应采取以下保护措施:停止一切导致生态功能继续退化的开发活动和其他人为破坏活动;停止一切产生严重环境污染的工程项目建设;严格控制人口增长,区内人口已超出承载能力的应采取必要的移民措施;改变粗放生产经营方式,走生态经济型发展道路;对已经破坏的重要生态系统,要结合生态环境建设措施,认真组织重建与恢复,尽快遏制生态环境恶化趋势。

6.2.3.2 生态功能保护区建设情况指标

生态功能保护区建设情况指标已纳入环境统计专业年报《各地区生态功能保护区名录》报表中。主要指标如下所示:

生态功能保护区名称、地点、面积(hm^2)、主要保护内容、试点或已批准、批准机关、保护区级别、建立时间(年、月、日)、业务主管部门、管理机构(名称、级别)、管理人员人数(其中专业技术人员数)。

截至2009年,全国各类自然保护区共计2538个,全国自然保护区面积14894万hm^2,约占全国国土面积的15.13%。国家级、省级、地市级、县级自然保护区个数分别占全国自然保护区总数的11.1%、33.1%、17.6%、38.2%,其面积分别占自然保护区面积的60.5%、29.3%、3.4%、6.7%。

 思考与练习

1. 简述我国农村环境问题的主要根源。
2. 农村环境污染的来源和特点是什么?
3. 农村环境统计主要包括哪些方面的内容?
4. 我国自然保护区是如何分类的?简述自然保护区统计的主要内容。
5. 什么是生态示范区?什么是生态功能保护区和重点生态功能区?

第7章 污染物排放统计

7.1 污染物排放量统计的基本计算方法

我国目前环境统计工作中，污染物排放量的计算通常采用三种方法，即实测法、物料衡算法和排放系数法。在实际运用中，应根据具体情况灵活选用，几种方法应互相结合、互相对照验证。

7.1.1 实测法

7.1.1.1 实测法

实测法是指通过监测手段或国家有关部门认定的连续计量设施，实地测量排污单位外排废气、废水（流）量及其污染物浓度，从而计算出废气、废水排放量及其所含污染物的排放量。计算公式如下：

$$G_i = K \cdot Q \cdot C_i \tag{7.1}$$

式中：G_i——废气（或废水）中污染物 i 的排放量，kg/a；

　　　K——单位换算系数，对废气取 10^{-6}，对废水取 10^{-3}；

　　　Q——废气（或废水）排放总量（标态），m³/a；

　　　C_i——污染物 i 的实测浓度（标态），废气单位为 mg/m³，废水单位为 mg/L。

在计算中，要注意浓度及流量计算单位的换算，保证计算量纲一致性。

为了保证数据的准确性，通常需多次测定样品取平均值。计算公式如下：

$$C_i = \frac{C_1 + C_2 + C_3 + \cdots + C_n}{n} \tag{7.2}$$

式中：C_n——第 n 次测定浓度值；

　　　n——测定次数。

例 7.1 某炼油厂年排废水 2 万 t，废水中废油浓度 $C_{油}$ 为 500mg/L，COD 浓度 C_{COD} 为 300mg/L，水未处理直接排放。计算该厂废油和 COD 的年排放量。

解　　　　$G_{油} = KQC_{油} = 10^{-6} \times 2 \times 10^4 \times 500 = 10(t)$

　　　　　　　$G_{COD} = KQC_{COD} = 10^{-6} \times 2 \times 10^4 \times 300 = 6(t)$

例 7.2 某冶炼厂排气筒截面 0.4m²，排气平均流速 12.5m/s，实测所排废气中 SO_2 平均浓度 12g/m³，粉尘浓度 8g/m³。计算该排气筒每小时 SO_2 和粉尘的排放量。

解　每小时废气流量

　　　　　　　$Q = 12.5 \times 0.4 \times 3600 = 1.8 \times 10^4$（m³/h）

　　　每小时 SO_2 排放量

　　　　　　　$G_{SO_2} = 10^{-6} \times 1.8 \times 10^4 \times 12 = 0.216$（t/h）

每小时粉尘排放量

$$G_{粉尘} = 10^{-6} \times 1.8 \times 10^4 \times 8 = 0.144 \ (\text{t/h})$$

7.1.1.2 实测法的使用原则

实测法是环境统计数据计算的重要依据，是利用专用的仪器设备，如废水量用流量计、废气量采用烟道测速仪，按照废水和废气监测技术规范，在规定的排水口或排气口位置进行实地测量，计量废水和废气的排放量，并同时取样分析其中所含污染物的浓度，然后计算出污染物质的排放总量。

为保证实测法的计算准确性，必须遵循以下原则：

（1）凡安装自动在线监测设备（其自动监测的进出口流量和浓度数据须通过市级以上环境保护部门有效性审核）并与环境保护部门联网且长期稳定运行的单位，应优先采用实时监测数据的汇总数作为排污量数据。

（2）未安装自动在线监测设备的单位，在采用实测法计算排污量时，为保证监测数据的准确性并具有代表性，满足总量控制和浓度控制相结合的管理的要求，需多次测定样品取值，并经同级污控、监察、监测等部门共同认定。在计算时，流量取算术平均值，浓度取加权平均值，不得用1~2次监测数值来推算全年排污量。

（3）采用实测法计算的排污数据，须与使用物料衡算法和排放系数法计算的排污数据对照验证。如与物料衡算法或排放系数法计算结果偏差较大，应进行核实、调整。

7.1.2 物料衡算法

7.1.2.1 物料衡算法

物料衡算法是对生产过程中使用的物料情况进行定量分析，计算物质质量转化的一种方法。根据质量守恒定律，对于自然界的任何系统而言，进入系统的物料量必等于排出的物料量和过程中的积累量。即在生产过程中，投入的物料量等于产品重量和物料流失量。物料衡算式如下：

$$进入系统的物质量(\sum G_入) = 系统输出的物质量(\sum G_出)$$
$$+ 系统内累积的物质量(\sum G_积) \tag{7.3}$$

或

$$流失量 = 投入物料量 - 回收物料量 \tag{7.4}$$

采用物料衡算法计算污染物的产生量和排放量时，关键是确定守恒公式两边的参数，但这些参数的确定有时也是比较困难的。统计人员只有在对企业进行充分了解的基础上，从物料平衡分析着手，对企业的原料、辅料、能源、水的消耗量、生产工艺过程甚至是管理水平进行综合分析，建立各种生产条件下的物料衡算公式，如燃料燃烧废气量公式、SO_2产生量公式、烟气量公式、各种治理设施的去除量公式，计算出的污染物产生量和排放量才能够比较真实地反映企业在生产过程中的实际情况。

例7.3 某除尘系统每小时进入的烟气量为10000Nm³（标态），含尘浓度2200mg/

m³，每小时收集粉尘 18kg，若不计漏气，净化后废气含尘浓度是多少？

解 每小时进入除尘系统的烟尘量为

$$10000 \times 2200 \times 10^{-6} = 22 \text{（kg）}$$

净化后每小时排出的气体中残留烟尘量为

$$22 - 18 = 4 \text{（kg）}$$

净化后废气含尘浓度为

$$4 \times 10^6 / 10\,000 = 400 \text{（mg/m}^3\text{）}$$

例 7.4 某火电厂月耗燃煤 Bt，检测燃煤中碳和灰分的含量分别为 C 和 A，若锅炉内碳的未燃烧系数为 K，每月炉渣出渣量为 $G_{渣}$，除尘器的除尘率为 η。求：用物料衡算法计算该电厂每月粉煤灰和烟尘排放量。

解 该厂燃料燃烧过程中炉渣、粉煤灰、烟尘的产生量为

$$B(A + KC)$$

烟尘产生量为

$$B(A + KC) - G_{渣}$$

烟尘排放量为

$$[B(A + KC) - G_{渣}](1 - \eta)$$

烟尘的去除量，即粉煤灰的产生量为

$$[B(A + KC) - G_{渣}]\eta$$

7.1.2.2 物料衡算法的使用原则

在不具备实测条件和该生产工艺无排放系数，但对该生产工艺流程比较熟悉的情况下采用物料衡算的计算方法，其基本原理是某一生产过程中生产的投入和产出的物质的质量守恒，该方法是上述方法的补充。既适用于整个生产过程的总物料衡算，也适用于生产过程中的某一生产工序（或环节）、工艺过程、分支产品的衡算。

物料衡算法的优点是合理、科学，这种方法是科学地利用物质不灭定律即质量守恒定律来计算污染物质的排放情况；物料衡算法的缺点是要求的条件比较高，即必须对生产工艺、管理水平等情况有详细而深刻的了解。

7.1.3 排放系数法（经验计算法）

7.1.3.1 排放系数法

排放系数是指在正常技术经济和管理条件下，生产单位产品所产生（或排放）的污染物数量的统计平均值。根据生产过程中单位产品的经验排放系数与产品产量，计算出"三废"排放量的方法即是排放系数法。产排污系数实质是长期与反复实践的经验积累。产排污系数包含产污系数和排污系数。

排放系数法计算通式如下：

$$G_i = K_i \cdot W \tag{7.5}$$

式中：G_i——污染物 i 的年排放（产生）量，kg/a；

K_i——污染物 i 的排放（产生）系数，kg/t；

W——产品年产量（或生产规模），t/a。

例 7.5　某日化厂年产洗衣粉 400t，计算该厂年废水排放量及 COD 和废油的排放量。

解　年产 400t 的日化厂属小化工，从乡镇污染排放手册中可查出生产洗衣粉的各种排污系数：$K_{废水}=40t/t$；$K_{COD}=6.8kg/t$；$K_{废油}=4.7kg/t$。

该厂年排废水约

$$G_{废水}=40×400=1.6×10^4 \ (t/a)$$

该厂年排 COD 约

$$Q_{COD}=6.8×400=2.72×10^3 \ (kg/a)$$

该厂年排废油约

$$G_{废油}=4.7×400=1.88×10^3 \ (kg/a)$$

例 7.6　某大型企业应用转炉生产工艺年产 $160×10^4t$ 普通碳钢，其转炉生产原料为自制生铁水，废气治理设施是 LT 干法除尘器，试应用排放系数法计算废气中烟尘去除量和烟尘排放量。

解　从《第一次全国污染源普查工业污染源产排污系数手册》中查得：由产品（碳钢）、原料（生铁水、石灰和铁合金）、生产工艺（转炉法）以及大规模（$≥160×10^4t$）四个要素形成的四同组合下，对应有一个产污系数：$K_{产}=18.5kg/t$，同时结合末端治理技术（LT 干法除尘）对应该四同条件下排污系数：$K_{排}=0.027kg/t$。

所以有

烟尘产生量 $G_{产}=K_{产}W=18.5×10^{-3}×160×10^4=29\ 600 \ (t/a)$

烟尘排放量 $G_{排}=K_{排}W=0.027×10^{-3}×160×10^4=43.2 \ (t/a)$

烟尘去除量 $G_{去}=G_{产}-G_{排}=29\ 600-43.2=29556.8 \ (t/a)$

7.1.3.2　排放系数法的使用原则

排放系数法的优点简便易行，缺点是由于系数的来源和适合的条件不同，不能随意使用。采用的排放系数见相关排放系数表。

为保证排放系数法的计算准确性，必须遵循以下原则：

（1）排放系数法是在没有实测数据时的一种简易的计算方法，因系数的来源和适合的条件不同，存在着一定的缺点，不能随意使用，有实测数据是还是用实测法。

（2）各地在使用排放系数时，必须根据本地实际的生产工艺、生产规模及污染防治的不同情况，参照国家提供的有关数据，做出合适的取值选定和明确的使用规定，保证系数估算结果的系统性和稳定性。

（3）采用排放系数法计算的排污数据，应与使用物料衡算法计算的排污数据对照验证。如果与物料衡算法计算结果偏差较大，应进行调整核实。

7.2 废水排放统计

7.2.1 工业用水量的计算

7.2.1.1 新鲜用水量计算

新鲜用水量指企业从地上、地下及自来水源取用的全部水量。新鲜水量分自来水量和自备水量两部分，自来水量可以从自来水公司的水费收据中查得，自备水量可以用流量计和泵的抽水量计算出来。

计算通式为

$$W_X = W_L + W_B \tag{7.6}$$

式中：W_X——新鲜水量；

W_L——自来水量；

W_B——自备水量。

其中企业自备水量的计算公式如下：

$$W_B = qt\eta \tag{7.7}$$

式中：q——单位时间机泵出水量，t/h；

t——机泵运行时间，h；

η——机泵抽水效率，一般在 75% 左右。

7.2.1.2 重复用水量的计算

重复用水量是指企业内部循环、循序使用的总水量，指企业内部循环再用、一水多用、串级使用（包括处理后回用）的水量。给水方式分为直流给水系统（新鲜水一次使用后即以废水形式排放）、循环给水系统（循环多次使用）、循环给水系统（或称串级给水，按生产工序多次使用），循环循序过程中第二次以上再使用的水量总和称为循环水量。重复用水量计算通式为：

$$W_重 = W_总 - W_X \tag{7.8}$$

式中：$W_总$——未用循环、循序用水措施所需新鲜水量；

W_X——采用循环、循序用水措施后所需新鲜水量。

重复用水率计算通式为

$$\eta = \frac{W_重}{W_总} \times 100\% \tag{7.9}$$

7.2.1.3 工业用水量

企业厂区内用于生产和生活的用水总量，为新鲜用水量与重复用水量之和。计算通式为：

$$W_总 = W_X + W_重 \tag{7.10}$$

例 7.7 某纸厂日产纸 300 t，原来 1 t 纸耗水 450 t，工艺改革后采用废水回收利用，现 1 t 纸耗水 200 t。求该厂现在每日用水总量、重复用水量、重复用水率。

解 现在每日用水总量

$$W_X = 200 \times 300 = 6 \times 10^4 \text{（t）}$$

改革前每日用水总量

$$W_总 = 450 \times 300 = 13.5 \times 10^4 \text{（t）}$$

现在重复用水量

$$W_重 = W_总 - W_X = 7.5 \times 10^4 \text{（t）}$$

重复用水率

$$\eta = \frac{W_重}{W_总} \times 100\% = 7.5 \times 10^4 /(13.5 \times 10^4) \times 100\% = 55.6\%$$

例 7.8 某厂有两个车间，一车间每日用水 500 t，直接排放 100 t，余下送二车间使用。二车间每天还需送新鲜水 200 t，用后排放 300 t，余下 300 余 t 仍返二车间重复使用后全部排放。求该厂日用水总量、重复用水量和重复用水率。

解 日新鲜用水总量

$$W_X = 500 + 200 = 700 \text{（t）}$$

日重复用水量

$$W_重 = 400 + 300 = 700 \text{（t）}$$

日用水总量

$$W_总 = 700 + 700 = 1400 \text{（t）}$$

重复用水率

$$\eta = \frac{W_重}{W_总} \times 100\% = \frac{700}{1400} \times 100\% = 50\%$$

例 7.9 某企业给水系统如下：甲耗新鲜水量为 80t/d，乙耗新鲜水量为 80 t/d，丙耗新鲜水量为 80t/d，三者为循序使用水；丁耗新鲜水量为 120 t/d，为一次性使用；戊每日需耗新鲜水量为 1000 t，由于采用了循环用水措施，每日仅需补充新鲜水量 100 t，求该厂的重复用水量及重复用水率。

解 分别计算采取措施前及采用措施后的新鲜用水量：

$$W_总 = 80 \times 3 \div 120 + 1000 = 1360(\text{t/d})$$
$$W_X = 80 + 120 + 100 = 300(\text{t/d})$$

重复用水量：

$$W_重 = W_总 - W_X = 1360 - 300 = 1060(\text{t/d})$$

重复用水率：

$$\eta = \frac{W_重}{W_总} \times 100\% = \frac{1060}{1360} \times 100\% = 77.94\%$$

该厂全年重复用水量可用下式计算：

$$W_重 = 1060 \times 全年工作日$$

7.2.2 工业废水排放量的计算

工业废水排放量指经过企业厂区所有排放口排放到企业外部的工业废水量。包括生产废水、外排的直接冷却水、超标排放的矿井地下水和与工业废水混排的厂区生活污水，不包括外排的间接冷却水（清污不分流的间接冷却水应计算在废水排放量内）。

工业废水排放量的预算常采用以下几种方法：

1. 实测法

废水流量的测定有直接测定法的间接测定法。直接测定法，是使用各类流量计（如压差流量计、容积流量计、电磁流量计等）直接测定废水流量。间接测定法，是先测出废水的平均流速，然后根据流速和过水断面计算出废水流量。按照强化环境管理和排污规范化整治的要求，污水排污口都应设置连续流量装置，以达到监控的目的和计量的要求。

计算公式如下：

$$W_i = Q_i \cdot t_i \cdot \rho_i \tag{7.11}$$

式中：W_i——某废水排放量，t；

t_i——某废水排放时间，h；

Q_i——某废水平均排放量，m^3/h

ρ_i——废水密度，t/m^3，一般取 $1t/m^3$。

企业的废水排放总量为

$$W = \sum_{i=1}^{n} W_i \tag{7.12}$$

2. 排放系数法

废水排放量的系数推算法。一般可以从排污单位的新鲜用水量来估算其污水排放量。如排污单位的新鲜水量没有进入其产品，一般其废水排放量可以估算为新鲜水量的80%～90%，如有相当部分变成产品（如啤酒、饮料行业），则其废水排放量应以新鲜水量减去转成产品数量差的80%～90%，即

$$W = K \cdot Q$$

式中：K——废水排放系数（即排水量与用新鲜水量的比值，工业类型不一样，其值也不同，一般在0.6～0.9范围内取值，常取0.80或0.85）；

Q——企业生产用新鲜水量，t。

新鲜水量数据不完整的小企业的废水排放量可以参照国家或地方环保部门规定的产品排污系数 K 进行计算。

3. 物料衡算法

计算通式如下：

$$W = W_1 - (W_2 + W_3 + W_4 + W_5) \tag{7.13}$$

式中：W——工业废水排放量，t；

W_1——工业生产用新鲜水量，t；

W_2、W_3、W_4、W_5——分别为产品带走水量、水漏、失量、锅炉蒸发量、其他损失量，t。

7.2.3 工业废水中污染物排放量的计算

工业废水中污染物排量，是指排放的工业废水中的污染物，如汞、镉、六价铬、铅等重金属和砷、挥发酚、氰化物、化学需氧量、石油类、氨氮等一般无机物和有机物的含量。它可以通过实测法计算，也可以通过物料衡算法或排放系数法进行计算。

7.2.3.1 实测法

计算公式如下：

$$G_i = 10^{-3} W_i \cdot C_i \qquad (7.14)$$

或

$$G_i = 10^{-3} W_i (1 - \eta_i) C_{i0} \qquad (7.15)$$

式中：G_i——报告期内某污染物的排放量，kg；

W_i——报告期内某废水的排放量，m³

C_i——废水中某污染物的平均浓度，mg/L；

C_{i0}——废水处理系统进口处某污染物的平均浓度，mg/L；

η_i——废水处理系统的去除效率，%。

废水处理系统的去除效率可用下式计算：

$$\eta_i = \frac{Q_{i0} C_{i0} - Q_i C_i}{Q_{i0} C_{i0}} \times 100\% \qquad (7.16)$$

若进入废水处理流量 Q_{i0} 与处理后废水流量 Q_i 相等或接近，为便于计算，我们可认为 $Q_{i0} = Q_i$，则上式可简化成：

$$\eta_i = \frac{C_{i0} - C_i}{C_{i0}} \times 100\% \qquad (7.17)$$

污染物的浓度，一般均在企业废水排放口所取样品，测得的数据为准，不论测定的质量浓度是否符合国家或地方排放标准，均应统计在内。对于一类污染物应以车间排放口或车间处理设施排放口取样测定的数据为准。

7.2.3.2 排放系数法

计算公式如下：

$$G_i = M_i \cdot F_i (1 - \eta_i) \qquad (7.18)$$

式中：M_i——报告期内某产品的产量，t；

F_i——某产品的污染物排放系数，kg/t；

η_i——废水处理系统的去除效率，%，没有废水处理系统时，$\eta_i = 0$。

例 7.10 某厂以明渠排放废水，现有 90° 三角流量堰插板测流，测得过堰水头 $H = 0.26$m，六价铬的浓度为 0.09mg/L，，氧化物的浓度为 1.5 mg/L，该厂生产稳定，年排放废水 6000h，求该厂每年废水排放量、六价铬、氰化物的排放量。

解 计算废水排放量：

查表（90°三角流量），得 $H = 0.26$m 时的流量 $Q = 4166.99$m³/d，则该厂废水排放

量可用下式计算：

$$W_e = \frac{Q \cdot t}{24} = 4166.99 \times 6000/24 = 1041747.5(\text{m}^3)$$

计算六价铬、氰化物的排放量：

$$
\begin{aligned}
G_{\text{Cr}} &= 10^{-3} W_e (1 - \eta_{\text{Cr}}) \cdot C_{\text{Cr}} \\
&= 10^{-3} \times 1041747.5 \times 0.09 \times (1 - 0) \\
&= 93.76(\text{kg}) \\
G_{\text{CN}} &= 10^{-3} W_e (1 - \eta_{\text{CN}}) \cdot C_{\text{CN}} \\
&= 10^{-3} \times 1041747.5 \times 1.5 \times (1 - 0) \\
&= 1250.10(\text{kg})
\end{aligned}
$$

7.2.4 废水污染处理指标

7.2.4.1 废水治理设施处理能力与工业废水处理量

1. 废水治理设施处理能力

企业的废水治理设施实际具有的废水处理能力。

2. 工业废水处理量

经各种水治理设施实际处理的工业废水量，包括处理后外排和处理后回用的工业废水量。虽经处理但未达到国家或地方排放标准的废水量也应计算在内。对同一废水分级处理时不应重复计算工业废水处理量。工业废水处理回用量指经过各种水治理设施处理后回用的工业废水量（无论是否达标）。

7.2.4.2 排入污水处理厂的污染物浓度

企业产生的排入污水处理厂的废水中污染物的浓度。"十一五"环境统计报表中排入污水处理厂的废水污染物浓度主要统计 COD 和氨氮两项指标，其浓度值可由废水污染物在线监控仪或实验室分析得出。

7.2.4.3 工业废水中污染物去除量

经过各种水治理设施处理后，除去废水中所含的 COD、氨氮、石油类、挥发酚、氢化物等污染物的纯重量。

污染物去除量＝处理的工业废水量×（处理前污染物平均浓度－处理后污染物平均浓度）

7.2.4.4 工业废水排放达标量

各项指标都达到国家或地方排放标准的外排工业废水量，包括经过处理后外排达标的和未经处理外排达标的两部分。

例 7.11 某厂一套废水处理设施的处理能力为 2400t/d，实际当天处理废水 2000t/d，测得当天处理设施的进口废水中 COD 浓度为 1400mg/L，假设厂废水总排口

COD 最高允许排放浓度为 150mg/L，求该厂废水治理设施处理能力、工业废水处理量、COD 去除量和工业废水排放达标量。

解　　　　　　　　废水治理设施处理能力＝2400（t/d）

工业废水处理量＝2000（t/d）

工业废水排放达标量＝100×2000×10^{-6}＝0.2（t/d）

COD 去除量＝2000×（1400－100）×10^{-6}＝2.6（t/d）

7.3　废气排放统计

随着现代工业生产的发展，包括煤和石油在内的能源和其他自然资源被大规模使用，使大气环境受到严重污染和损害，大气环境保护已经成为世界各国面临的一个主要问题。大气污染排放主要包括工业污染源和生活污染源的燃料燃烧废气、工艺生产废气和各种交通污染源排放尾气，及采矿、建筑施工和某些农业活动的生产性扬尘。在我国的大气污染主要是能源型污染。在我国的能源利用结构中煤的消耗量占了近 70％。近年来我国煤的年消耗量近 11 亿 t，随着西气东输工程的完成，三峡水电工程的竣工，西气东输工程的实施，若干新的核电站的几清洁能源的推广使用，将我国的能源消耗发生结构性变化。

在废气排放统计中通常使用的单位为标立方米（Nm^3），这是指排放的废气在标准状况（一个标准大气压和摄氏度零度）下的干气体积。

7.3.1　废气排放量的测算

7.3.1.1　锅炉燃烧废气排放量的计算

1. 实测法

当废气排放量有实测值时，采用下式计算：

$$Q_{\text{年}} = \frac{Q_{\text{时}} \cdot B_{\text{年}} / B_{\text{时}}}{10000} \tag{7.19}$$

式中：$Q_{\text{年}}$——全年锅炉废气排放量（标态），万 m^3/a；

　　　$Q_{\text{时}}$——锅炉的废气小时排放量（标态），m^3/h；

　　　$B_{\text{年}}$——全年燃烧耗量，kg/a；

　　　$B_{\text{时}}$——在满负情况下锅炉每小时的燃料耗量，kg/h。

2. 排放系数法

理论上燃料中低位热值可相应估算碳、氢、硫的量，碳、氢、硫能和一定量的氧反应，便可计算所需空气量，即为理论空气要量。实际上为保证燃料完全燃烧，必须根据燃料的特征和燃烧方式，供应比理论空气量更多的空气量（称过剩空气量），最后计算出废气量。这样计算出的是标准状况下的废气量。排放系数法首先计算理论空气需要量，再依此推算实际烟气量，最后计算烟气总量。

3. 理论空气需要量（V_0）的计算

（1）对于固体燃料，当燃料应用基挥发分 $V_y > 15\%$（烟煤），计算公式如下：

$$V_0 = 0.251 \frac{Q_L}{1000} + 0.278 (\text{m}^3/\text{kg}) \tag{7.20}$$

当 $V_y < 15\%$（贫煤或无烟煤）时：

$$V_0 = \frac{Q_L}{4182} + 0.606 (\text{m}^3/\text{kg}) \tag{7.21}$$

当 $Q_L < 12546 \text{kJ/kg}$（劣质煤）时：

$$V_0 = \frac{Q_L}{4182} + 0.455 (\text{m}^3/\text{kg}) \tag{7.22}$$

（2）对于液体燃料：

$$V_0 = 0.203 \frac{Q_L}{1000} + 2 (\text{m}^3/\text{kg}) \tag{7.23}$$

（3）对于气体燃料，当 $Q_L < 10455 \text{kJ/m}^3$ 时：

$$V_0 = 0.209 \frac{Q_L}{1000} (\text{m}^3/\text{m}^3) \tag{7.24}$$

当 $Q_L > 14637 \text{kJ/m}^3$ 时：

$$V_0 = 0.260 \frac{Q_L}{1000} - 0.25 (\text{m}^3/\text{m}^3) \tag{7.25}$$

以上各式中：V_0——燃料燃烧所需理论空气量（标态），m^3/kg 或 m^3/m^3；

$\qquad Q_L$——燃料应用基低位发热值（标态），kJ/kg 或 kJ/m^3，该值可从以下途径获得：对于配有燃料分析室的企业，Q_L 值取全年测定值的均值；可从燃料供应商处获得（取全年各批煤 Q_L 的均值）；如果知道煤的产地，可查附录《全国主要原煤万分表》，选取相应的 Q_L；如果以上途径均无法获得 Q_L，可按表7.1选取：

表7.1　各燃料类型的值 Q_L 对照表（标态）　单位：kJ/kg 或 kJ/m^3

燃料类型	Q_L	燃料类型	Q_L
石煤和矸石	8374	褐煤	11514
无烟煤	22051	贫煤	18841
烟煤	17585	重油	41870
柴油	46057	煤气	16748
天然气	35590	氢	10798
一氧化碳	12636	—	—

4. 实际烟气量的计算

（1）对于无烟煤、烟煤及贫煤（标态）：

$$Q_y = 1.04 \frac{Q_L}{4187} + 0.77 + 1.0161(a-1)V_0 (\text{m}^3/\text{kg}) \tag{7.26}$$

当 $Q_L < 12546\text{kJ/kg}$（劣质煤）时：

$$Q_y = 1.04\frac{Q_L}{4187} + 0.54 + 1.0161(a-1)V_0 \text{(m}^3\text{/kg)} \tag{7.27}$$

（2）对于液体燃料（标态）：

$$Q_y = 1.11\frac{Q_L}{4187} + (a-1)V_0 \text{(m}^3\text{/kg)} \tag{7.28}$$

（3）对于气体燃料（标态）：

当 $Q_L < 10468\text{kJ/m}^3$ 时：

$$Q_y = 0.725\frac{Q_L}{4187} + 1.0 + (a-1)V_0 \text{(m}^3\text{/kg)} \tag{7.29}$$

当 $Q_L > 10468\text{kJ/m}^3$ 时：

$$Q_y = 1.14\frac{Q_L}{4187} - 0.25 + (a-1)V_0 \text{(m}^3\text{/kg)} \tag{7.30}$$

式中：Q_y——实际烟气量（标态），$\text{m}^3\text{/kg}$；

a——过剩空气系数，$a = a_0 + \Delta a$（表 7.2、表 7.3）。

其他符号同前。

表 7.2　炉膛过量空气系数 a_0

锅炉类型	煤烟	无煤烟	油	煤气
手烧炉及抛机煤炉	1.40	1.65	1.20	1.20
链条炉	1.35	1.40		
煤粉炉	1.20	1.25		
沸腾炉	1.25	1.25		
备注	其他机械式燃烧的锅炉，不论何种燃烧，a_0 均取 1.3			

表 7.3　漏风系数 Δa 值

漏风部位	炉膛	对流管束	过热器	省煤器	空气预热器	除尘器	钢烟道（每 10m）	砖烟道（每 10m）
Δa	0.1	0.15	0.05	0.1	0.1	0.05	0.01	0.05

5. 烟气总量的计算

$$Q_{总} = B \cdot Q_y \tag{7.31}$$

式中：$Q_{总}$——烟气总量（标态），$\text{m}^3\text{/a}$；

B——燃料耗量，kg/a；

Q_y——实际烟气量（标态），$\text{m}^3\text{/kg}$。

例 7.12　某厂链条炉蒸发量为 6.5t/h，耗煤量为 920.3 kg/h，煤的低位发热值 $Q_L = 25122\text{kJ/kg}$，挥发分为 30%，炉膛过剩空气系数为 1.3，各段漏风系数 $\Delta a = 0.2$，求该炉每小时排放的烟气量。

解　计算理论空气需要量：

$V_y = 30\%$，故理论空气需要量：

$$V_0 = 0.251 \frac{Q_L}{1000} + 0.278$$

$$= 0.251 \frac{25122}{1000} + 0.278$$

$$= 6.58(\text{m}^3/\text{kg})$$

计算每千克燃料锅炉实际排放的烟气量：

$$Q_y = 1.04 \frac{Q_L}{4187} + 0.77 + 1.0161(a-1)V_0$$

$$= 1.04 \frac{25122}{4187} + 0.77 + 1.0161(1.3 + 0.2 - 1) \times 6.58$$

$$= 10.50(\text{m}^3/\text{kg})$$

锅炉每小时排放的烟气量为

$$Q_{总} = B \cdot Q_y = 920.3 \times 10.50 = 9663.2(\text{m}^3/\text{h})$$

7.3.1.2 水泥生产烟气量计算

水泥行业是重要的工业污染源，从生产水泥的窑型来说，我国目前应用较多的有回转窑、立窑或机立窑等。在水泥生产中排放的废气包括熟料炼制中产生的废气和非熟料烧制废气两部分。

1. 实测法

回转窑、立窑或机立窑小时废气量有实测值时，可用下式计算年废气排放总量：

$$Q_{年} = \frac{Q_{时} / (B_{时} \cdot B_{年})}{10000} \tag{7.32}$$

式中：$Q_{年}$——全年水泥窑废气排放总量（标态），万 m^3/a；

$\quad\quad Q_{时}$——水泥窑的废气小时排放量，m^3/h；

$\quad\quad B_{年}$——全年熟料产量，kg/a；

$\quad\quad B_{时}$——在正常生产情况下，该窑每小时熟料产量，kg/h。

2. 排放系数法

1）水泥回转窑排出烟气量（标态、熟料）

一般按下列经验数据选取：

湿法回转窑	$3.5 \sim 4\text{m}^3/\text{kg}$
干法回转窑	$2.4\text{m}^3/\text{kg}$
一次性通过立波窑	$5\text{m}^3/\text{kg}$
二次通过立波窑	$4\text{m}^3/\text{kg}$
其中热排风机前	$3\text{m}^3/\text{kg}$
立筒热热窑	$2.4\text{m}^3/\text{kg}$
旋风预热窑	$2.3\text{m}^3/\text{kg}$

2）水泥立窑废气量的估算

计算公式如下：

$$Q_{年} = M \cdot Q_a \cdot K_1 \cdot K_2 \qquad (7.33)$$

式中：$Q_{年}$——立窑排放的年废气量（标态），m^3/a；

      M——立窑熟料全年产量，kg/a；

      Q_a——单位熟料的废气生成量（标态），m^3/kg，一般为 $1.6\sim2.0m^3/kg$；

      K_1——生产不均匀系数，机立窑 $K_1=1.0$，普通立窑 $K_1=1.3\sim1.5$；

      K_2——漏风系数，机立窑 $K_2=1.15\sim1.25$，普通立窑 $K_2=1.3\sim1.4$。

3）水泥生产中非熟料烧制的废气计算

在水泥生产过程中，除水泥熟料烧制外，原料破碎、烘干、包装、粉磨等生产过程中也产生一定量的废气，一般，每千克熟料排放这类废气（标态）$1.5m^3$。

7.3.2　废气中污染排放量的计算

7.3.2.1　锅炉燃烧过程污染物排放量的计算

1. 实测法

当污染物质量浓度有实测数值时，计算通式为

$$G = 10^{-6}C \cdot Q \qquad (7.34)$$

式中：G——某锅炉（炉窑）某污染物在某时段（时、月、季、半年、年）的排放量，kg；

      C——某锅炉（炉窑）某污染物的实测浓度（标态），当在统计时段内有多次实测值时，取多次实测值的平均值，mg/m^3；

      Q——某锅炉（炉窑）在统计时段内的废气排放总量（标态），m^3。

2. 排放系数法

1）燃煤烟尘量的估算

烟尘的产生量与燃烧状况、燃料成分有关，计算公式如下：

$$G_{sl} = \frac{B \cdot A \cdot d_{fh}(1-\eta)}{1-C_{fh}} \qquad (7.35)$$

式中：B——耗煤量，t 或 kg；

      A——煤的灰分，$\%$；

      d_{fh}——烟尘中灰分占燃煤灰分量的百分量，$\%$，其值与燃烧方式有关，见表 7.4；

      η——除尘系统的除尘效率（未装除尘器时 $\eta=0$），各种除尘器的除尘效率，见表 7.5；

      C_{fh}——烟尘中可燃物的百分量，$\%$，与煤种、炉型有关，一般取 $15\%\sim45\%$，沸腾炉 $15\%\sim25\%$，煤粉炉 $4\%\sim8\%$。

上述公式仅适用于煤粉炉、沸腾炉和抛煤机炉，其他炉型应去掉分母部分进行计算。

表 7.4　烟尘中的灰分占煤灰百分比（d_{fh}）

炉型	d_{fh}/%	炉型	d_{fh}/%
手烧炉	15～25	抛煤炉	25～40
链条炉	15～25	沸腾炉	40～60
往复推饲炉	15～20	煤粉炉	75～85
振动炉	20～40	—	—

表 7.5　各类除尘器的除尘效率

序号	除尘方式	η/%	序号	除尘方式	η/%
1	立帽式	48.5	10	扩散式旋风	85.3
2	干式沉降	63.4	11	XND/G 旋风	92.3
3	湿法喷淋冲击	76.1	12	脉冲布袋除尘	99.0
4	XSW 双级旋风	80.6	13	静电除尘	99.5
5	XPW 平面旋风	81.1	14	滤芯除尘	99.0
6	CIG、DGL 旋风	79.9	15	多管旋风	80.7
7	XZZ-D450 旋风	90.3	16	多管加麻石水膜除尘	98.0
8	XZZ-D550 旋风	93.6	17	文丘里水膜两级除尘	96.8
9	埃索式旋风	93.3	18	一级磨石水膜除尘	88.4

例 7.13　某厂锅炉房沸腾炉年用煤 5000t，$Q_L=23029$kJ/kg，灰分 $A=28\%$，装有旋风除尘器，$\eta=88.5\%$，并装有省煤器，求该厂年排放的烟气量和烟尘。

解　（1）计算年排放烟气量。

理论空气需要量的计算：

$$V_0 = 0.251\frac{Q_L}{1000} + 0.278 = 0.251 \times \frac{23029}{1000} + 0.278$$
$$= 6.06(\text{m}^3/\text{kg})$$

计算烟气量：

$$a_0 = 1.3, \Delta a = 0.1 = 0.1 + 0.05 = 0.15$$

$$Q_y = 1.04\frac{Q_L}{4187} + 0.77 + 1.0161(a-1)V_0$$

$$= 1.04 \times \frac{23029}{4187} + 0.77 + 1.0161(1.3+0.15-1) \times 6.06$$

$$= 6.49 + 2.77 = 9.26(\text{m}^3/\text{kg})$$

年排放烟气总量计算：

$$Q_总 = 5000000 \times 9.26 = 4630(\text{万 m}^3)$$

（2）烟尘排放量的计算。

$d_{fh}=50\%$，$C_{fh}=20\%$，则

$$G_{sd} = \frac{B \cdot A \cdot d_{fh}(1-\eta)}{1-C_{fh}} = \frac{5000000 \times 28\% \times 50\% \times (1-88.5\%)}{1-0.20}$$

$$= 100625(\text{kg})$$

2）燃料燃烧过程二氧化硫排放量的估算

工业二氧化硫排放量是指企业在燃料燃烧和生产工艺过程中排入大气的二氧化硫总量。本节只介绍燃烧过程中的二氧化硫的产生过程与计算。燃料中的硫元素分为可燃硫和不可燃硫，一般由有机硫、硫铁矿和硫酸盐组成，前两者为可燃硫，燃烧后产生二氧化硫，硫酸盐为不可燃硫。通常可燃硫约占煤中全硫分的 70%～90%，一般常取 80%。煤在燃烧时，煤中的有机硫被分解出来，在 750℃时，90% 以上的硫变为气态硫，可燃硫燃烧时生成二氧化硫，产生的二氧化硫的质量为可燃硫质量的两倍。

（1）煤炭燃烧产生的 SO_2 的排放量计算公式为

$$G_{SO_2} = 2 \times 0.8B \cdot S \cdot (1-\eta) = 1.6B \cdot S \cdot (1-\eta) \qquad (7.36)$$

（2）燃油的二氧化硫排放计算公式如下：

$$G_{SO_2} = 2B \cdot S \cdot (1-\eta) \qquad (7.37)$$

式中：G_{SO_2}——二氧化硫产生量，kg；

　　　B——燃煤（油）量，kg；

　　　S——煤（油）的全硫分含量，%；

　　　η——脱硫设备的脱硫效率，如果没有脱硫设备，η 为 0。

（3）燃烧天然气二氧化硫排放的计算公式如下：

$$G_{SO_2} = 2.857V \cdot C_{H_2S} \cdot 10^{-3} \qquad (7.38)$$

式中：G_{SO_2}——二氧化硫产生量，kg；

　　　V——气体燃料的消耗量（标态），m^3；

　　　C_{H_2S}——气体燃料中 H_2S 的体积，%。

煤中的硫分一般为 0.2%～5%，燃煤中硫分高于 1.5% 为高硫煤，国家规定城市燃煤含硫不得高于 1%。液体燃料主要包括原油、轻油（汽油、煤油、柴油）和重油。原油硫分在 0.1%～0.3%，重油硫分在 0.5%～3.5%，原油中的硫常富集于釜底的重油中，一般轻油中的硫分要低于 0.1%。

例 7.14 某厂全年耗煤 2 万 t，含硫量 0.45%，求全年二氧化硫的排放量。

解　$G_{SO_2} = 1.6B \cdot S \cdot (1-\eta) = 1.6 \times 20000 \times 0.45\% = 144$（t）

3）燃料燃烧产生的氮氧化物量计算

燃料燃烧生成的氮氧化物量可用下式计算：

$$G_{NO_x} = 1.63B \cdot (\beta \cdot n + 10^{-6}V_y C_{NO_x}) \qquad (7.39)$$

式中：G_{NO_x}——燃料燃烧生成的氮氧化物（以 NO_2 计）量，kg；

　　　B——煤或重油耗量，kg；

　　　β——燃料氮向燃料型 NO 的转变率，%，与燃料含氮量 n 有关。普通燃烧条件下，燃煤层燃炉为 25%～50%，（$n \geqslant 0.4\%$）燃油锅炉 32%～40%，煤粉炉可取 20%～25%；

　　　n——燃料中氮的含量，%，可查表 7.6；

　　　V_y——1kg 燃料生成的烟气量，m^3/kg；

　　　C_{NO_x}——燃烧时生成的温度型 NO 的浓度（mg/m^3），通常可取 70×10^{-6}，即

93.8mg/m³。

设煤燃烧生成的烟气量 $V_y=10\text{m}^3/\text{kg}$，则上式变为

$$G_{NO_x} = 1.63B \cdot (\beta \cdot n + 0.000938) \tag{7.40}$$

表 7.6 锅炉用燃料的含氮量

燃料名称	含氮质量分数/%	
	数值	平均值
煤	0.5～2.5	1.5
劣质重油	0.2～0.4	0.20
一般重油	0.08～0.4	0.14
优质重油	0.005～0.08	0.02

例 7.15 求锅炉燃煤 2000t 产生的氮氧化物量。

解 取 $\beta=32\%$，$n=1.5\%$，则：

$$G_{NO_x} = 1.63B \cdot (\beta \cdot n + 10^{-6}V_yC_{NO_x})$$
$$= 1.63 \times 2000000 \times (0.32 \times 0.015 + 0.000938)$$
$$= 18706(\text{kg})$$

7.3.2.2 燃料燃烧 CO 排放量的计算

$$G_{CO} = 2.339QCB \tag{7.41}$$

式中：G_{CO}——CO 排放量；

B——燃料的质量；

Q——燃料的燃烧不完全值，%；

C——燃料中碳的含量，%。如表 7.7 所示为一些燃料燃烧不完全值。

表 7.7 燃料燃烧不完全值表

燃料	Q/%	C/%	燃料	Q/%	C/%
木材	4	30～50	焦炭	3	75～85
无烟煤	3	80～90	重油	2	85～90
褐煤	4	40～70	煤气	2	15～20
天然气	2	70～75	烟煤	3	70～80
木炭	3	80～90	煤泥	4	30～60

7.3.2.3 生产工艺过程产生的气体污染物排放量计算

1. 水泥生产中二氧化硫排放量计算

计算公式如下：

$$G_{SO_2} = 2(B \cdot S - 0.4M \cdot f_1 - 0.4G_d \cdot B \cdot f_2) \tag{7.42}$$

式中：G_{SO_2}——某时段二氧化硫排放量，t；

　　　B——耗煤量，t；

　　　S——煤含硫量，%；

　　　f_1——水泥熟料中 SO_3^{2-} 的含量，%；

　　　M——水泥熟料的产量，t；

　　　G_d——水泥熟料生产中产生的窑灰量，回转窑一般占熟料量的 25%（20%～30%），t；

　　　f_2——窑灰中的 SO_3^{2-} 含量，%。

例 7.16 某水泥厂年产水泥熟料 75 万 t，每吨水泥熟料耗煤 0.3t，煤含硫量 0.8%，熟料中 SO_3^{2-} 含量为 0.1%，窑灰占水泥熟料的 25%，窑灰中 SO_3^{2-} 含量为 1.00%，该水泥厂熟料生产中排放的二氧化硫量。

解 （1）计算水泥熟料烧成的煤耗量：
$$B = M \cdot b = 750000 \times 0.3 = 225000(t)$$

（2）二氧化硫排放量：
$$G_{SO_2} = 2(B \cdot S - 0.4M \cdot f_1 - 0.4G_d \cdot f_2)$$
$$= 2 \times (225000 \times 0.8\% - 0.4 \times 750000 \times 0.1\% - 0.4 \times 0.25 \times 750000 \times 1\%)$$
$$= 2 \times (1800 - 300 - 750)$$
$$= 1500(t)$$

2. 工业粉尘排放量的计算

工业粉尘排放量计算公式：
$$G_d = 10^{-6} \cdot Q_f \cdot C_f \cdot t \tag{7.43}$$

式中：G_d——工业粉尘排放量，kg；

　　　Q_f——排尘系统风量（标态），m^3/h；

　　　C_f——设备出口排尘浓度（标态，实测），mg/m^3；

　　　t——排尘除尘系统运行时间。

生产工艺产生的二氧化硫、粉尘均可采用工业粉尘的实测方法进行测算。

7.3.3 废气污染治理指标

7.3.3.1 治理设施处理能力

废气治理设施处理能力是指企业实有废气治理设施的实际废气处理能力，计量单位为 Nm^3/h。废气治理设施处理能力包括对特定污染物的处理能力，如脱硫设施脱硫能力是指脱硫设施实际去除 SO_2 的能力，计量单位为 kg/h。

7.3.3.2 经过治理的废气量

经过治理的废气量包括：经过消烟除尘设施处理过的废气量（不管达标与否），经过净化处理装置处理过的工艺废气量（不管达标与否）。

7.3.3.3 治理设施的去除率（消烟除尘率、净化处理率）

$$消烟除尘率 = \frac{经过消烟除尘设施处理过的废气量}{燃烧过程中产生的废气总量}$$

$$净化处理率 = \frac{经过净化处理装置处理过的工艺废气量}{工艺过程中产生的废气总量} \times 100\%$$

消烟除尘率与净化处理率两项指标都反映了污染治理水平和污染治理设施的使用程度，但是没有反映治理和使用的效果。

7.3.3.4 污染物的去除量

污染物的去除量是指废气污染物经过各种废气治理设施处理后去除的总量。它可以根据实测、物料衡算或经验公式计算求得。

污染物去除量计算通式为

$$污染物去除量 = 污染物产生量 \times 污染物去除率$$
$$= （处理前污染物平均浓度 - 处理后污染物平均浓度）\times 处理的废气量$$

$$污染物去除率 = \frac{处理前污染物平均浓度 - 处理后污染物平均浓度}{处理前污染物平均浓度}$$

7.3.3.5 污染物的排放达标量

污染物的排放达标量是指达到排放标准的情况下排入大气中的污染物量。通常分别计算工业烟尘、工业粉尘、SO_2、NO_x 等污染物的排放达标量。

例 7.17 某炼钢厂转炉二次烟气除尘系统的烟气流量为 $48 \times 10^4 \mathrm{m^3/h}$，布袋除尘器进口烟尘浓度为 $332.11\mathrm{mg/L}$，出口浓度为 $7.07\mathrm{mg/L}$，假设其排放标准最高排放浓度限值为 $100\mathrm{mg/L}$，求该转炉二次烟气除尘系统的烟尘去除量、烟尘的排放达标量。

解 烟尘去除量 $= （332.11-7.07）\times 480000$
$$= （332.11-7.07）\times 10^{-9} \times 480000 \times 24$$
$$= 3.7445 （\mathrm{t/d}）$$

由已知条件可知，该除尘系统的烟尘为达标排放，故：

烟尘排放达标量 $= 7.07 \times 480000$
$$= 7.07 \times 10^{-9} \times 480000$$
$$= 0.00339 （\mathrm{t/d}）$$

7.4 工业固体废物排放统计

7.4.1 工业固体废物的分类

1. 危险废物

列入国家危险废物名录（共 46 种）或者根据国家规定的危险废物鉴别标准和鉴别方法认定的，具有爆炸性、易燃性、易氧化性、毒性、腐蚀性、易传染疾病等危险特性之一的废物。在计量时，规定单位（t）保留两位小数。

2. 冶炼废渣

冶炼生产中产生的高炉渣、钢渣、铁合金渣及有色金属矿渣。

3. 粉煤灰

燃煤电厂锅炉、煤粉炉在燃煤过程中产生的固体颗粒物。

4. 炉渣

燃烧设备从炉膛内排出的灰渣，不包括燃料燃烧过程中去除的烟尘。

5. 煤矸石

与煤层伴生的含碳量低、比煤坚硬的黑色岩石。主要由采煤、洗煤及耗煤单位排放。

6. 尾矿

先矿厂（包括各种金属和非金属矿石的选矿）和水冶厂排放的废物，包括赤泥（以铝土矿为原料的氧化铝厂的废渣）。

7. 放射性废物

含有天然放射性元素，并其比活度大于 $2 \times 10^4 \text{Bq/kg}$ 的尾矿砂、废矿石及其他放射性比活度水平超过规定下限的固废。

8. 脱硫石膏

湿式石灰石/石膏法脱硫中，吸收剂与烟气中 SO_2 等反应后生产的产物。湿式石灰石/石膏法胶硫设备每处理 1t SO_2 大约生产脱硫石膏 2.7t。

9. 其他废物

其他废物包括工业垃圾（机械工业切削、研磨的碎屑、废砂；食品工业的活性炭渣；硅酸盐工业和建材工业的砖、瓦、碎砾、建筑垃圾）、污泥（工业废水处理排出的固体沉淀物，以干泥量计算）及燃料燃烧过程去除的烟尘等。

7.4.2 固废排放量的计算及固废堆积量的测算

7.4.2.1 固体废物排放量的计算

固体废物排放量的计算公式：

$$G_p = G_c - G_y - G_{ch} = \sum G_{ci} - \sum G_{yi} - \sum G_{chi} \tag{7.44}$$

式中：G_p——废渣排放总量；t；

G_c——废渣产生总量，t；

G_y——综合利用的废渣总量，t；

G_{ci}、G_{yi}、G_{chi}——废渣中某种废渣的产生量、综合利用量和处理量，t。

7.4.2.2　固体废物堆积量的测算

固体废物均有固定的形状和体积，若排放的固体废物堆积在一处，可通过实测废渣的堆积容积，按以下公式计算堆积量：

$$废渣堆积量 = 废渣的堆密度 \times 废渣的堆积容积 \tag{7.45}$$

若几种废渣混堆在一起，可计算其平均密度。

7.4.3　几种主要固体废物产生量的计算方法

7.4.3.1　尾矿量的计算

尾矿是指各种金属、非金属矿石在选矿程中排出的废石、尾砂等废物，以干量计算。

按物料衡算法计尾矿量的公式：

$$G_{we} = M_k - M_j \tag{7.46}$$

式中：G_{we}——尾矿量，t；

M_k——入选原矿量，t；

M_j——选矿后的精矿量，t。

若已知原矿的品位为 a（％），精矿量 M_j，其品位为 b（％），则尾矿量计算公式为

$$G_{we} = \frac{M_j(b - a\eta)}{a\eta} \tag{7.47}$$

式中：η——某金属的回收率，％。

例7.18　已知陕西某钼矿车间年产 45％的钼精矿 1.2万 t，入选厂内的原矿品位为 0.1％，钼的回收率为 90％，求该矿全年尾矿量。

解　尾矿量计算如下：

$$G_{we} = \frac{12000 \times (0.45 - 0.001 \times 0.9)}{0.001 \times 0.9}$$

$$= 5.988 \times 10^8 (t)$$

7.4.3.2　冶金废渣产生量的计算

冶金工业中产生的高炉渣、钢渣以及有色金属冶炼废渣等固体废物，统称为冶金废渣。在统计工作中常用产生系数的方法计算冶炼渣产生量。

1. 高炉渣、钢渣、铁合金废渣计算方法

计算通式如下：

$$G = K \cdot M \tag{7.48}$$

式中：G——某冶炼废渣产生量，t/a；

M——某冶炼产品产量，t/a；

K——产生系数。

各种冶炼废渣的产生系数请查阅相关行业统计资料，下列数据仅供参考：

高炉渣：   0.6～0.7（生铁）

钢渣：   0.25～0.35（平炉）

                    0.2～0.3（转炉）

                    0.1～0.2（电炉）

铁合废渣：   1.5～2.0（锰硅合金）

                    1.6～2.5（碳素锰铁）

                    1.2（钼铁）

                    0.5（钨铁）

                    3.4～3.8（中低微碳铬铁）

                    1.0～1.8（碳素铬铁）

                    0.8～1.0（金属铬冶炼）

                    2.0（钒铁）

                    2.8～3.2（高炉锰铁）

2. 冲天炉炉渣计算方法

冲天炉是熔炼铸铁的设备，其渣量计算公式如下：

$$G_{化铁渣} = 0.08M \tag{7.49}$$

式中：$G_{化铁渣}$——冲天炉的炉渣量，t/a；

M——全年铁水量，t。

3. 化铝渣、化铜渣、化锌渣计算方法

计算通式如下：

$$G = WA + \eta \cdot \omega \cdot s \tag{7.50}$$

式中：G——某冶金废渣产生量，t/a；

W——焦炭消耗量，t/a；

A——焦炭的灰分，%；

ω——某金属熔化前的重量；

s——某金属的氧化烧损率，%，铝为 $1\% \sim 5\%$ 铜为 $1\% \sim 1.5\%$ 锌为 $2\% \sim 5\%$；

η——铝为 1.89，铜为 1.13，锌为 1.25。

7.4.3.3 化工废渣产生量的计算

化工废渣是化学工业和石油化学工业生产过程中排出的固体废物，其产生量的计算通式如下：

$$G_{化渣} = K_化 \cdot M_化 \tag{7.51}$$

式中：$G_{化渣}$——化工废渣的产生量，t/a；

$\quad$ $K_化$——某化工产品的废渣排放系数，可在排放系数章节中查取；

$\quad$ $M_化$——化工产品年产量，t/a。

下面是几种重要化工废渣的具体计算方法。

1. 铬渣

生产重铬酸钠（钾）产生的铬渣按危险废物处置，铬渣产生量的计算公式：

$$G_{铬渣} = 0.357G(Cr) + 0.476G(Mg) + 0.56G(Ca) + G_z \tag{7.52}$$

式中：$G_{铬渣}$——生产重铬酸钠（钾）产生的铬渣量，t/t；

$\quad$ $G(Cr)$——生产每吨产品的铬铁矿消耗量，t/t；

$\quad$ $G(Mg)$——白云石消耗定额中的碳酸镁耗量，t/t；

$\quad$ $G(Ca)$——白云石消耗定额中的碳酸钙耗量，t/t；

$\quad$ G_z——加入的矿渣及原料，熔剂中的杂质量，t/t。

铬铁矿煅烧一般使用气体燃料，上述公式是按气体燃料考虑的。若用煤粉煅烧，还应加上煤渣量。

2. 硫铁矿焙烧炉渣（又称硫酸烧渣）

生产硫酸的原料有很多，其中硫铁矿的使用较普通，硫酸生产焙烧硫铁矿过程产生的炉渣，又称硫酸烧渣。每吨硫铁矿的产渣量计算公式如下：

1）普通硫铁矿

$$G_{炉渣} = \frac{160 - C_{s实}}{160 - C_{s渣}} (t/t) \tag{7.53}$$

2）磁黄铁矿

$$G_{炉渣} = \frac{283 - C_{s实}}{283 - C_{s渣}} (t/t) \tag{7.54}$$

3）闪锌矿

$$G_{炉渣} = \frac{191 - C_{s实}}{191 - C_{s渣}} (t/t) \tag{7.55}$$

4）含煤黄铁矿

$$G_{炉渣} = \frac{160 - C_{s实} - 1.6C_s}{160 - C_{s渣}} (t/t) \tag{7.56}$$

式中：$C_{s实}$——干硫铁矿中硫的实际含量，%；

$\quad$ $C_{s渣}$——炉渣中硫的含量，%；

$\quad$ C_s——含煤硫铁矿中的含碳量，%。

例 7.19 某硫酸厂焙烧工段由两台 K_C 炉组成，每台炉子的每日生产能力为 200t 硫铁矿，送去焙烧的硫铁矿含硫 43%（干基），从焙烧炉出来炉渣含硫 1%，求该厂每天产生的硫铁矿渣（炉渣）量。

解 硫铁矿渣产率：

$$G_{炉渣} = \frac{160 - C_{s实}}{160 - C_{s渣}} = \frac{160 - 43}{160 - 1} = 0.736(t)$$

每日产生硫铁矿渣量：

$$0.736 \times 200 \times 2 = 294.4 \ (t)$$

3. 电石渣

电石（CaC_2）与水在常温下反应，生成乙炔和氢氧化钙。化工厂和机械厂（拆船厂）都会产生大量电石渣。计算电石渣的计算公式如下：

$$G_{电石渣} = 1.175 M_{电石} \tag{7.57}$$

式中：$G_{电石渣}$——电石渣产生量，t/a；

$M_{电石}$——电石用量，t/a。

4. 黄磷渣

利用电炉的高温以焦炭、硅石还原磷矿石中的磷酸三钙生成黄磷，同时产生磷渣硅酸钙等废渣，炉渣硅酸钙的计算公式如下：

$$G_{磷渣} = 1.12 G_{pd}(1 - 0.44 X_{ps}) \tag{7.58}$$

式中：$G_{磷渣}$——生产1t黄磷产生的磷渣量，t；

G_{pd}——磷矿石的消耗定额，t；

X_{ps}——磷矿石中五氧化二磷的含量，%。

7.4.3.4 粉煤灰和炉渣产生量的计算

煤炭燃烧形成的固态物质，其中从除尘器收集下的称为粉煤灰，从炉膛中排出的称为炉渣。锅炉燃烧产生的灰渣量与煤的灰分含量和锅炉的机械不完全燃烧状况有关。

灰渣产生量常采用灰渣平衡法计算，由灰渣平衡公式可导出如下计算公式：

锅炉炉渣产生量（G_z）：

$$G_z = \frac{d_z \cdot B \cdot A}{1 - C_z}(t/a) \tag{7.59}$$

锅炉粉煤灰产生量（G_f）：

$$G_f = \frac{d_{fh} \cdot B \cdot A \cdot \eta}{1 - C_f}(t/a) \tag{7.60}$$

式中：B——锅炉燃煤量，t/a；

A——燃煤的应用基灰分；

η——除尘效率，%；

C_z、C_f——炉渣、粉煤灰中可燃物百分含量，%。一般 $C_z = 10\% \sim 25\%$，煤粉炉可取 $0\% \sim 5\%$；C_f 取 $15\% \sim 45\%$，热电厂粉煤灰可取 $4\% \sim 8\%$。

C_z、C_f 也可根据锅炉热平衡资料选取或由分析室测试得出。

d_z、d_{fh}——炉渣中的灰分，烟尘中的灰分各占燃煤总灰分的百分比，%。

$d_z = 1 - d_{fh}$，d_{fh}值可根据锅炉平衡资料选取，也可查表7.8得出。当燃用焦结性烟煤、褐煤或煤泥时，d_{fh} 值可取低一些，燃用无烟煤时则取得高一点。

表 7.8 烟尘中的灰占煤灰百分比（d_{fh}）

炉型	d_{fh}/%	炉型	d_{fh}/%
手烧炉	15～25	沸腾炉	40～60
链条炉	15～25	煤粉炉	75～85
往复推饲炉	20	油炉	0
振动炉	20～40	天然气炉	0
抛煤炉	25～40	—	—

例 7.20 某厂一台手烧炉，年耗煤 300t，煤的灰分 $A=25\%$，除尘器除尘效率为 90%，求该炉全年的灰渣产生量。

解 由题意，选取有关参数为

$$d_{fh}=20\%, C_Z=17.5\%, C_f=30\%$$

$$d_z=1-d_{fh}=80\%$$

炭渣产生量为

$$G_{总}=\frac{300\times25\%\times80\%}{1-17.5\%}+\frac{300\times25\%\times20\%\times90\%}{1-30\%}$$

$$=72.73+19.29$$

$$=92.02(t/a)$$

7.4.3.5 废水处理中的污泥计算

1. 生活污水处理中的污泥量计算

目前生活污水处理一般采用一级沉淀二级生化处理方法，其污泥量计算公式：

$$G_{泥}=\frac{M}{1000}(K_{沉}+K_{初}+K) \tag{7.61}$$

式中：$G_{泥}$——生活污水干污泥产生量，kg/d；

    M——计算人口数（处理厂服务人口），人；

    $K_{沉}$——每人每日的污水中的干沉沙量，一般可取 0.006～0.012kg/（人·d）；

    $K_{初}$——每人每日的污水在初次沉淀中产生的干污泥量，可取 0.02～0.025kg/（人·d）（沉淀时间 1.5h）；

    K——每人每日生产的活性污泥量。对生物曝气池，$K=0.018$kg/（人·d），对普通生物滤池，$K=0.045$kg/（人·d）。

2. 工业废水处理沉淀污泥产生量的计算

沉淀池污泥计算公式：

$$V_i=\frac{100Q(C_1-C_2)}{\rho_i(100-X)\times10^3} \tag{7.62}$$

式中：V_i——沉淀池沉淀污泥量，m³/d；

Q——废水流量，m³/d；

C_1、C_2——沉淀池进水、出水的悬浮物浓度，kg/m³；

X——污泥含水率，%；

ρ_i——污泥的密度，t/m³。

7.4.4　工业固体废物的综合利用量和综合利用率

7.4.4.1　工业固废综合利用量

通过回收、加工、循环、交换等方式，从中提取或转化了可利用的资源、能源或其他原料的固废量。危险废物综合利用量是指可能导致资源回收、直接再利用或其他的作业方式进行综合利用的危险废物实际量。

综合利用主要包括两项，一是从中分离提取了有用的原料的提取量，二是直接用作原料或作为掺和料使用的掺和量。

提取量计算通式为

$$G = \sum [M(1-f) + Mfk] \tag{7.63}$$

式中：M——提取的某种产品量；

f——提取产品的纯度，%；

k——提取单位产品消耗固废中某物质的量。

化学法提取的 k 可按反应式计算，对无化学反应的 k 取 1，则式（7.63）变为

$$G = \sum M \tag{7.64}$$

掺和量计算通式为

$$G = \sum KM \tag{7.65}$$

式中：M——利用某固废的产品产量；

K——生产单位产品固废消耗量。

7.4.4.2　工业固废综合利用率

$$R = \frac{\text{固体废物综合利用量}}{\text{当年产生固体废物量 + 被利用的往年贮存固废量}} \times 100\% \tag{7.66}$$

7.4.5　工业固体废物的处置量与处置率

7.4.5.1　工业固体废物处置量

工业固体废物处置量指固体废物焚烧或最终置于符合环境保护规定要求的场所并不再取回的量。

7.4.5.2　工业固体废物处置率

$$\text{工业固体废物处置率} = \frac{\text{工业固体废物处置量}}{\text{年工业固体废物产生量 + 处置往年贮存的固体废物量}} \times 100\% \tag{7.67}$$

例 7.21 某铝生产厂在生产铝过程中，年生产赤泥量 15000t，每年赤泥 9000m³ 运到山区填沟造田，它的堆密度 ρ＝0.9t/m³，求该厂的废渣处理量和处理率。

解 计算赤泥年处理量 $G＝\rho V＝0.9×9000＝8100$（t）

$$赤泥处理率＝\frac{G 生}{G 产}＝\frac{8100}{15000}＝54\%$$

7.5 生活及其他污染统计

环境统计中的社会生活及其他污染是指工业活动以外的社会经济、公共设施经营活动和居民生活所造成的环境污染。2008 年全国生活污水排放量为 330 亿 t，比 2007 年增加 6.4%；生活污水中 COD 排放量为 863.1 万 t，比 2007 年减少 0.9%。由于社会生活及其他污染源既有政府部门又有餐饮娱乐服务业和居民等，涉及的污染源点多面广，没有完善的环境管理、监测计量设施，因此主要是以测算方法为主，进行生活污染排放量的统计。测算的指标也只有生活污水排放量和污水中 COD 排放量、生活 SO_2 排放量和烟尘排放量。

7.5.1 人口总数及耗水量

1. 人口总数

生活污染由于无法监测和实测，大多以人或户数进行推算。这里要分清人口和非农业人口的区别，一般不计流动人口。非农业人口数为辖区内非农业户籍人口，包括市、县及县辖镇的非农业人口，以各地区人口统计年鉴的数据为准。有人认为，在各级城镇统计年鉴中已有生活污水排放量的数据，直接用即可。还有一种意见认为测算所用非农业人口是由公安部门提供的户籍人口，不包括临时人口和流动人口，这样有部分污水量被漏算。我们要注意到，目前各级城建统计年鉴数据的统计范围是按建制市统计的，即地级以上城市按市区加郊区范围统计，一律不含市辖县（县级市按规划区范围统计），这样除县级市外，在县城及县辖镇的自来水供应及生活污水的排放均未包括在内。县、镇的生活污水一般没有处理，对水体也有污染。另外，在各级统计范围内，虽然对流动人口和临时人口数可以大致估计出来，但从本地区流出的人数却没有统计，且城建统计部门在计算人均日常生活用水量时，用水的非农业人口的统计口径也是不包括临时人口和流动人口的。为了全国总体上非农业人口的平衡和与城建统计部门数据使用的一致性，对人口数据的规定还应按照原有的执行。

2. 耗水量

在社会及生活的污染统计中，生活污水排放量是用人均系数法测算出来的，一般按人均 3～6t/月×非农业人口数×12 为全年耗水量（新鲜水量），然后再用系数法计算出生活污水排放量。也可用新鲜用水量减去工业新鲜水量作为耗水量。两种方法各有利弊，各地应根据实际情况进行推算。

7.5.2 城镇生活污水中 COD 的测算及氨氮的测算

7.5.2.1 城镇生活污水中 COD 的测算

1. 城镇生活污水处理量

城镇生活污水处理量是指报告期内污水处理厂的污水处理总量减去处理的工业废水量之差。

2. 城镇生活污水中 COD 产生系数

城镇生活污水中 COD 产生系数是指城镇居民每人每天排放的生活污水中含 COD 的纯重量。全国平均取值为 75g/(人·日)，北方城市 COD 平均值为 65g/(人·日)，北方特大城市为 70g/(人·日)，北方其他城市为 60g/(人·日)；南方城市 COD 平均值为 90g/(人·日)，也可用本地区实测数。

3. 城镇生活污水中 COD 的测算

城镇生活污水中 COD 的产生量用人均系数法测算。测算公式为

$$\text{生活污水中 COD 的产生量}$$
$$= \text{城镇生活污水 COD 产生系数} \times \text{城镇非农业人口数} \times 365 \qquad (7.68)$$

城镇生活污水中 COD 的排放量也用人均系数法测算。测算公式为

$$\text{城镇生活污水中 COD 的排放量}$$
$$= \text{城镇生活污水 COD 的产生量} - \text{污水处理厂去除生活污水中 COD 的纯重量}$$
$$\qquad (7.69)$$

污水处理厂去除生活污水中 COD 的纯重量是指城镇污水经过污水处理厂处理后，去除污水中所含 COD 的纯重量。

7.5.2.2 城镇生活污水中氨氮的测算

1. 城镇生活污水中氨氮产生系数

城镇生活污水中氨氮的产生系数是指城镇居民每人每天排放的生活污水中含氨氮的纯重量。全国平均取值 7g/(人·日)，也可用本地区实测数据推算产生系数：

(1) 实地监测出本地区排放城镇生活污水中氨氮的浓度，与本地区生活污水排放量相乘，得出本地区城镇生活污水中氨氮的实际排放量。

(2) 用氨氮排放量除以本地区城镇常住人口数，即得出本地区城镇生活污水人均氨氮产生系数。

2. 城镇生活污水中氨氮的测算

城镇生活污水中氨氮的产生量用人均系数法测算。测算公式为

$$\text{城镇生活污水中氨氮的产生量}$$

$$= \text{生活污水中氨氮的产生系数} \times \text{城镇非农业人口数} \times 365 \qquad (7.70)$$

城镇生活污水中氨氮的排放量

$$= \text{生活污水中氨氮的产生量} - \text{污水处理厂去除生活污水中氨氮的纯重量} \qquad (7.71)$$

污水处理厂去除生活污水中所含氨氮的纯重量是指城镇污水经过污水处理厂处理后，去除污水中所含氨氮的纯重量。

7.5.3 生活及其他烟尘排放量

生活及其他烟尘排放量是指报告期内除工业生产活动以外的所有社会、经济活动及公共设施的经营活动中燃煤所排放的烟尘纯重量。

生活及其他烟尘排放量以生活及其他煤炭消费量为基础进行测算。在测算中，要依照煤炭消费的不同用途和不同燃烧方式分别计算：

（1）集中供热锅炉房采暖用煤的烟尘排放量，按照工业锅炉燃煤排放烟尘的计算方法和排放系数计算。

（2）居民生活以及社会生活用煤的烟尘排放量，按照燃用的民用型煤和原煤，分别采用不同的计算系数：

民用型煤的烟尘排放量，以每吨型煤排放 $1 \sim 2 \text{kg}$ 烟尘量计算，计算公式为

$$\text{烟尘排放量} = \text{型煤消费量(t)} \times (1 \sim 2)‰ \qquad (7.72)$$

原煤的烟尘排放量，以每吨原煤排放 $8 \sim 10 \text{kg}$ 烟尘量计算，计算公式为

$$\text{烟尘排放量} = \text{原煤消费量(t)} \times (8 \sim 10)‰ \qquad (7.73)$$

7.5.4 生活及其他氮氧化物排放量

生活及其他氮氧化物排放量是指报告期内除工业生产活动以外的所有社会、经济活动及公共设施的经营活动中燃料所排放的氮氧化物纯重量。

按照污染源分类，NO_x 排放量统计分为工业、生活和移动源三部分。生活 NO_x 排放量统计采取系数测算法，具体方法是以地市级为单位，根据该地区生活燃料消费量和生活 NO_x 排放系数，统计出该地区生活 NO_x 排放量。移动源 NO_x 排放量统计方法同生活源，其排放量包含在生活排放量中：

本地区生活 NO_x 排放量＝本地区生活燃料消费量×生活 NO_x 排放系数

需要注意的是，氮的氧化物包括 N_2O、NO、NO_2、N_2O_3、N_2O_4、N_2O_5 等，大气中除 NO_2 较稳定，NO 稍稳定外，其他形态都不稳定。且浓度很低，故通常所指氮氧化物主要是 NO 和 NO_2 的混合物，用 NO_x 表示。具体计量时将 NO 统一换算为 NO_2，换算公式为

$$NO_x = (m/30 + n/46) \times 46 \qquad (7.74)$$

其中，m 为 NO 的质量，n 为 NO_2 的质量。应注意一般的烟气排放连续监测系统（CEMS）测量的是 NO 的浓度。

7.6 主要污染物总量减排

近年来，随着污染防治工作力度的不断加大，多数企业基本能达标排放污染物，但

由于污染源个数以及污染物排放总量的不断增长，在一些人口和工业密集地区，环境污染负荷仍超出了环境容量，使当地环境质量仍继续恶化。在现有状况下，仅依靠传统的浓度达标排放污染物管理已不能遏制环境恶化的趋势。只有采取污染物排放总量控制的办法，控制并逐步削减排放量，才能进一步控制污染物排放总量，达到保护和改善环境的目标。

《国民经济和社会发展第十一个五年规划纲要》提出了"十一五"期间全国主要污染物排放总量减少10%的约束性指标，这是深入贯彻落实科学发展观的重大举措，也是我国政府向人民做出的庄严承诺。我们必须充分认识污染减排工作的重要性、紧迫性和艰巨性，加快推动科学发展观的落实，推进环境保护历史性转变。党中央、国务院高度重视节能减排工作，国务院下发了《国务院关于印发节能减排综合性工作方案的通知》和《国务院批转节能减排统计监测及考核实施方案和办法的通知》，把节能减排作为调整经济结构、转变经济发展方式的重要手段。有关部门也加强协调，出台了一系列有利于减排的财政、价格、金融、税收、贸易等政策。

温家宝总理在全国节能减排工作电视电话会议上的讲话中对当前和今后一个时期节能减排工作作出了明确部署，提出了需要着力抓好的重点工作和主要措施：有效控制高耗能、高污染行业过快增长，加快淘汰落后生产能力，全面实施节能减排重点工程，突出搞好重点企业节能减排，推进节能减排科技进步，大力发展循环经济，完善体制和政策体系，加大节能减排的投入，切实加强节能减排法制建设，强化节能减排监督管理。

党的十七大把环境保护提到前所未有的高度，标志着环境保护工作真正进入了国家政治经济社会生活的主干线、主战场和大舞台，环保工作迎来了难得的大好发展机遇。

7.6.1　主要污染物总量减排管理制度

7.6.1.1　主要污染物总量减排相关制度

（1）国务院印发的《关于节能减排综合性工作方案的通知》、《国务院批转节能减排统计监测及考核实施方案和办法的通知》、《关于"十一五"期间全国主要污染物排放总量控制计划的批复》。

（2）原国家环保总局下发的《"十一五"主要污染物总量减排核查办法（试行）》、《"十一五"主要污染物总量减排措施季度报告制度》、《主要污染物总量减排核算细则（试行）》、《主要污染物总量减排监察系数核算办法（试行）》。

（3）原国家环保总局制定的《主要污染物总量减排统计办法》、《主要污染物总量减排监测办法》、《主要污染物总量减排考核办法》。

7.6.1.2　主要污染物总量减排统计

（1）《主要污染物总量减排统计办法》所称主要污染物排放量，是指《国民经济和社会发展第十一个五年规划纲要》确定实施排放总量控制的两项污染物，即化学需氧量（COD）和二氧化硫（SO_2）的排放量。环境统计污染物排放量包括工业源和生活源污染物排放量，COD 和 SO_2 排放量的考核是基于工业源和生活源污染物排放量的总和。

（2）主要污染物排放量统计制度包括年报和季报。年报主要统计年度污染物排放及治理情况，报告期为 1~12 月。季报主要统计季度主要污染物排放及治理情况，为总量减排统计和国家宏观经济运行分析提供环境数据支持，报告期为 1 个季度，每个季度结束后 15 日内将上季度数据上报国务院环境保护主管部门。

（3）统计调查按照属地原则进行。

（4）重点调查单位污染物排放量可采用监测数据法、物料衡算法、排放系数法进行统计。

（5）非重点调查单位污染物排放量，以非重点调查单位的污染总量作为估算的对比基数，采取"比率估算"的方法，即按重点调查单位总排污量变化的趋势，等比或将比率略作调整，估算出非重点调查单位的污染物排放量。

7.6.1.3 "十一五"主要污染物总量减排核查

（1）污染减排核查坚持实事求是、客观公正的原则，采用资料审核与现场核查相结合的方式。

（2）污染减排核查包括日常督查与定期核查。定期核查分为半年核查和年度核查。

（3）污染减排核查的内容包括：各省、自治区、直辖市污染减排工作开展情况，年度污染减排计划制定情况、采取的各项工程措施及减排计划完成情况。污染减排核查的重点是治理工程减排项目、结构调整和监督管理减排措施的落实情况。

（4）污染减排核查的目的是：通过对各省、自治区、直辖市上报的年度主要污染物削减量相关数据真实性和一致性的审核、检查，为国家考核提供依据，促进各地完成年度污染减排计划和实现"十一五"主要污染物总量减排目标。

7.6.2 "十一五"期间全国主要污染物排放总量控制计划

（1）"十一五"期间国家对化学需氧量、二氧化硫两种主要污染物实行排放总量控制计划管理，排放基数按 2005 年环境统计结果确定。计划到 2010 年，全国主要污染物排放总量比 2005 年减少 10%。

（2）主要污染物排放总量控制指标的分配原则是：在确保实现全国总量控制目标的前提下，综合考虑各地环境质量状况、环境容量、排放基数、经济发展水平和削减能力以及各污染防治专项规划的要求，对东、中、西部地区实行区别对待。

（3）"十一五"期间，减少化学需氧量排放总量的主要工程措施是加快和强化城市污水处理设施建设与运行管理，减少二氧化硫排放总量的主要工程措施是加快和强化现役及新建燃煤电厂脱硫设施建设与运营监管。同时，要加大工业污染源治理力度，严格监督执法，实现污染物稳定达标排放。

（4）化学需氧量和二氧化硫排放总量控制指标是依照《国民经济和社会发展第十一个五年规划纲要》确定的约束性指标，各地要相应纳入本地区经济社会发展"十一五"规划并制定年度计划，分解落实到市（地）、县，落实到排污单位，严格执行。

思考与练习

1. 某冶炼厂排气筒截面 $0.4m^2$，排气平均流速 $12.5m/s$，实测所排废气中 SO_2 平均浓度 $12mg/m^3$，粉尘浓度 $8mg/m^3$，计算该排气筒每小时 SO_2 和粉尘的排放量。

2. 某除尘系统每小时进入的烟气量为 $10\,000m^3$（标准状况），含尘浓度 $2200mg/L$，每小时收集粉尘 $18kg$，若不计漏气，求净化后废气含尘浓度。

3. 某污水治理设施，每小时通过的污水量为 Q_t，进口 COD 浓度为 C_1，排放口 COD 浓度为 C_2，求该治理设施的去除率。

4. 贵州某地燃煤中硫分为 3%，国家规定排放 SO_2 排污费为 0.20 元$/kg$。计算该地燃烧 $1t$ 煤排放 SO_2 收费标准。

5. 企业日耗新鲜水量 $100t$，水的重复利用率为 95%，求该企业日用水总量和重复用水量。

6. 某厂有两个车间，第一车间每天用水 $500t$，直接排放 $100t$，余下送第二车间使用。第二车间每天还需新鲜水 $200t$，用后排放 $300t$，余下 $300t$ 仍返第二车间重复使用二次，用后全部排放。求该厂日用水总量、重复用水量、重复用水率。

7. 废气污染治理的统计指标主要有哪些？

8. 工业固体废物的主要统计指标有哪些？如何计算？

9. 生活及其他污染统计的主要指标和测算方法有哪些？

第 8 章　环境管理统计指标体系

8.1　环境管理统计指标体系

环境管理统计是微观环境管理信息的重要来源，是建立现代化环境管理体系（信息化、系统化、最优化）的基础，是对各项环境制度和环境手段实施情况的年度考核。

8.1.1　设计环境管理统计指标体系的原则

（1）环境统计数据是制定和检查环境计划的依据，环境统计指标要与环境计划和环境规划涉及的同类指标口径相一致，体现环境统计为环境计划服务的职能。

（2）环境统计指标体系要与环境保护发展形势相适应，指标体系框架必须体现出科学性、实用性和先进性。环境管理的目标和制度变化了，环境管理工作发展了，环境统计指标体系也相应调整。以适应和满足环境保护工作的需要。如“七五”、“八五”环境保护工作是以 8 项制度为主要行政管理制度，以污染防治为重点。“九五”、“十五”转变为污染物总量控制为主要行政管理制度，污染防治与生态保护并重，“十一五”期间是以节能减排为工作重点。所以环境管理统计要增强环境与经济协调发展、清洁生产及总量控制、绿色工程规划方面的统计指标。

（3）要重视环境管理能力、建设的统计，加强环境管理促进经济与环境协调发展，必须重视环境管理能力的建设，包括人才的培育、全民族环境意识的提高，环境管理的技术支持，环境管理信息系统的建设，环境管理决策技术系统的建设。

8.1.2　环境管理统计指标体系框架（图 8.1）

- 环境管理统计指标体系框架
  - 宏观环境管理
    - 环境与发展综合决策方面的统计指标
    - 关于经济与环境发展协调度的相关指标
  - 微观环境管理
    - 环境法制（立法及执法）
    - 环保年度计划和绿色工程规划
    - 项目环评，“三同时”
    - 控制环境污染的环境管理制度
    - 排污收费制度执行情况
    - 环境标志与 ISO14000 认证
    - 环境科技工作
    - 环境信访工作
    - 人大、政协提案
    - 环保档案工作情况
    - 环保产业
    - 环境管理体系的建立与健全
  - 环境管理能力建设
    - 环境管理人员的数量、结构及素质
    - 环境宣传教育的相关指标
    - 环境管理的技术支持体系

图 8.1　环境管理统计指标体系框架

8.2　宏观环境管理统计

实行可持续发展战略，推行环境与发展综合决策，已成为世界各国的共识。环境统计要为实行可持续发展战略、推行环境与发展综合决策服务，必须加强宏观环境管理统计。但是，在这方面既缺乏实践经验，又缺乏深入研究，只能根据国情提出可行的统计指标体系，并加以必要的分析说明。

8.2.1　宏观环境管理统计指标体系

宏观环境管理的主要任务是协调发展与环境的关系，促进经济与环境协调发展，保证可持续发展战略的顺利实施。

8.2.1.1　环境与发展综合决策方面的统计指标

(1) 已建立和实施环境与发展综合决策制度的省、自治区、直辖市数量；已建立和实施环境与发展综合决策制度的市（地区）数量。

(2) 已开展过区域性、战略性环境影响评价的区域、流域、地区数量。

(3) 已制定和实施环境保护战略的省、自治区、及直辖市数量；已制定和实施环境保护战略的地（市）数量。

(4) 环境保护费用总额，包括工业污染防治固定资产投资、污染防治设施运行费、城市环境建设投资、综合利用项目投资、野生动植物保护与自然保护区建设投资（包括事业费）、环保系统自身建设投资及事业费等；环保费用占国民生产总值的比例、污染防治固定资产投资占国民收入的比例、城市环境建设投资占城市建设总投资的比例、企业环保固定资产投资与企业生产设备固定资产投资的比例。

8.2.1.2　关于经济与环境发展协调度的相关指标

(1) 经济与环境发展协调度分析评价。经济与环境协调发展或基本协调发展的区域、地区；经济与环境的关系需要调节的区域、地区；经济与环境基本不协调或不协调的区域、地区。

(2) 资源与环境综合承载力分析评价。开发建设强度超过资源与环境综合承载力的区域及地区；开发建设强度与资源、环境综合承载力处于平衡状态的区域及地区；开发建设不足，低于资源、环境综合承载力的区域及地区。

(3) 经济增长与节能、降耗。能源需求弹性系数（C_e）；水资源需求弹性系数（C_w）；万元工业产值煤耗年平均递减率；万元工业产值水耗年平均递减率；万元工业产值煤耗（或水耗）年平均递减率与工业产值平均递增率之比。

(4) 排污量增长与工业产值增长的比例关系。工业废水排放弹性系数；工业废水中主要污染物排放弹性系数（如 COD、挥发酚、重金属等）；工业废气中主要污染物排放弹性系数（如烟尘、SO_2 等）；工业固体废物排放弹性系数；主要污染物万元工业产值排污量年平均递减率；万元工业产值排污量年平均减率与工业产值年均递增率之比。

（5）环境经济效益综合评价：污染损失总值占 GNP 的百分比；污染损失总价值与环保费用的比例；工业企业万元投资净收益；工业企业万元投入污染损失；工业企业环境经经济综合效益。

宏观环境管理的环境统计是一个新的领域，还提不出一个公认的比较完整的环境统计指标体系，上述各项指标主要是以环境与发展综合决策促进经济与环境协调发展为中心提出的，统计数字可以反映出经济与环境的协调程度，为宏观环境管理提供依据。

8.2.2 环境与发展综合决策方面的统计指标说明

参与环境与发展综合决策是环境管理部门进行宏观环境管理的重要内容。为了正确理解各项指标的含义与统计、计算方法，特做以下说明。

1. 环境与发展综合决策制度的制定与实施

实施可持续发展战略就必须实行环境与发展综合决策，并使之逐步法制化、制度化、程序化。各省、自治区、直辖市以及各地、市，建立和实施这项制度的情况是不尽相同的。为了全面掌握这项制度建立实施情况，应及时进行统计，为强化宏观环境管理提供依据。

（1）环境与发展综合决策具有多学科、多领域、多政策、交叉性、渗透性、综合性的特征。

综合决策涉及政治学、经济学、社会学、管理学、决策学、法学、环境学等许多学科领域。不是像传统的决策凭着领导人个人的知识、经验、才智就可以解决问题的，不能凭单一学科就能解决问题。而需要集众家所长，要融会多学科的知识，提供全方位的视角，作出科学的系统的论证才能做出科学的决策。

（2）它具有更大的信息吞吐量。

决策不能靠经验所能胜任，做好综合决策，要大量获取新知识、掌握新理论。对环境与发展的各种因素和条件加以考虑，把握事物发展的来龙去脉，影响环境的各种制约关系。复杂环境问题具有多因子、全方位的特点，既有眼前问题，又有未来问题；既有现时损害，又有潜伏性、长期性损害；既有局部损害，又有全局损害。因此必须根据大量的材料知识、信息进行综合分析、判断、选择最优方案。

（3）具有多目标多功能综合决策的性质。

传统的决策许多是一个目标、一种功能的决策，而环境与发展综合决策具有多目标决策的特点，如三峡工程，有防洪、防旱、发电、航运、水产、旅游等多种目标、多因素和多功能；有利与弊、优与劣的权衡；有当代利益又有后代利益；有环境问题，也有经济、政治、文化问题，还有移民问题。许多因素是相互联系、相互作用、相互制约的。还得考虑国力负担、经济上是否合理、技术上是否可行、如何解决战时防护、对生态环境的影响、能否找到另一种替代解决方案等一系列重大政策问题。

2. 区域性、战略性环境影响评价

广义的环境影响评价是对人类的经济活动和社会行为可能造成的环境影响进行评估

分析，并提出相应对策。世界进入可持续发展时代，只对建设项目进行环境影响评价已不能适应形势发展的需要。当前，我国正在探索区域性、战略性环境影响评价，为环境与发展综合决策提供了科学依据，应及时统计这项工作开展的情况。

3. 环境保护战略的制定与实施

在环境与发展综合决策的基础上，与经济、社会发展战略同步制定并实施的环境保护发展战略，是实施可持续发展战略的重要措施。这样做可以使经济、社会发展目标与环境保护目标相协调，在保护中开发建设、在开发建设中保护，实现经济与环境协调发展。为了推动这项工作应加强统计及时反馈信息。

4. 环境保护投资决策

要实现经济与环境协调发展，就必须从经济高速发展所创造的新增资源中拿出一定比例用于恢复和改善环境质量。这个比例是环境保护投资决策的重要问题。所以，这项统计指标是很重要的。

1) 环境保护费用

环境保护费用一般指控制环境污染与破坏而付出的防治费用和环境保护事业费用。包括企业和区域防治设施投资、日常运转费以及环境监测和环境科研费等。在环境统计中按下列内容进行统计：工业污染防治固定资产投资，城市环境建设（区域污染防治）投资，各项防治设施运行费，综合利用项目投资，保护野生动植物和自然保护区建设投资，环境保护系统自身建设的固定资产投资和事业费等。下面对部分指标重点加以说明。

（1）工业污染防治固定资产投资。指基建项目中用于执行"三同时"的费用，以及更新改造项目中用于防治污染的固定资产投资。统计中遇到的困难：更新改造项目中采用无污染（少污染）生产工艺及设备的固定资产投资，就其本身来说是生产设备，可它同样起到了减少污量的作用。环保费用如何统计计算？把全部更改投资都作为环保费用统计或完全算做生产设备投资都不妥，环保费用应占一定的比例，占多大比例呢？如果国家环保总局和中央各部委有明确规定可按规定进行统计；如无明确规定，则可对更改项目建成后的环境效益与经济效益进行预测评价。环境效益在总效益中所占的比例，即作为环保费用在更改项目总投资中所点的比例。

（2）城市环境基础设施建设投资。一般指用于城市污水处理厂，有毒有害（危险）固体废物的处理，城市煤气化，集中供热等与区域环境污染防治相关的城市环境建设投资。在统计中也会遇到与上述同样的问题，如集中供热投资既不能全部作为环境费用，也不能完全不列入环境费用，可用"工业污染防治固定资产投资"中所使用的方法来进行统计计算。

（3）运行费用。运行费用指维持工业污染防治设备、城市污水处理厂、有毒有害固体废物处理设施等正常运行所发生的费用，包括能耗、原材料消耗，设备维修，工资、管理费等（即消耗的物化劳动和活劳动）金额，但不包括设备折旧。

2) 环境保护费用在建设中所占的比例

这个比例通常指全国（或省市）环境保护费用总额占国民生产总值的百分比。在环境经济综合决策中，经常面临着这样的问题，环境保护费用应占 GNP 多大比例？决定最佳环境费用比例经常使用的方法：①提出几个方案（如 1%、1.5%、2%、2.5%等），进行综合效益分析对比；②将环境费用与经济损失进行综合评价分析。

为了从不同的角度进行分析，又设置了其他一些指标，如城市环境建设投资占城市建设总投资的比例，污染防治固定资产投资占国民收入（物质生产部门的净产值）的比例等。

8.2.3 关于经济与环境发展协调的相关指标说明

1. 经济与环境发展协调的分析评价

我国正处在经济持续快速发展的时期，对经济与环境的协调程度通常这样描述：在经济持续快速发展的同时，环境质量良好则两者处于协调状态；如果环境质量不断恶化则表明两者不协调。这是一种定性描述。如何对经济与环境的协调进行定量分析，是目前正在探索的一个新课题。

（1）基本思路。在经济持续快速发展的前提下，用生态环境综合评价值与投资环境评价值两者的平均值来衡量经济与环境的协调度（R）。在投资环境的数据缺乏时，也可仅用生态环境综合评价值来衡量。

（2）方法步骤。①生态环境综合评价，通过参数筛选，各单项因子分级评分，计算出生态环境综合评价值（S_p）；②投资环境综合评价，与上述步骤相同，计算出投资环境综合评价值（T_p）；③区域（或地区）环境综合评价值（E_p）用下式计算：$E_p +$（T_p）/2；④经济与环境发展协调分级，协调度（R）一般分为 5 级（表 8.1），也可分为 3 级。

表 8.1 经济与环境协调度分级

E_p 值	$90 < E_p \geqslant 100$	$70 \leqslant E_p \leqslant 90$	$50 \leqslant E_p < 70$	$30 \leqslant E_p < 50$	$E_p < 30$
协调度（R）	协调	基本协调	需要调节	基本不协调	不协调

2. 环境承载力分析

环境承载力是指在某一时期、某种状态或条件下，某地区的环境所能承受的阈值。环境承载力可以用人类活动的方向、强度、规模加以反映，如草场的载畜量、每平方千米可承载的人口等。环境承载力是一个客观的量，是环境系统的客观属性，它具有客观性、可变性、可控性的特点。

资源与环境承载力分析的重点是对开发强度与环境承载力之间协调程度的描述。根据协商发展的要求，开发强度与环境承载力之间应满足：

开发强度/环境承载力 ≤ 1

下面对资源与环境综合承载力的程序和方法进行描述：

（1）参数筛选。开发强度与环境承载力都通过各自的参数集来描述和评价。参数筛选时要重点选取对经济发展影响大的制约因素，开发强度所选的参数（发展变量）与环境承载力所选参数（制约变量）一定要相互对应。如水资源需求量与水资源可供量、TSP 实测值与 TSP 限值等。参数筛选可以从以下三个方面考虑：自然资源（水、土地、能源、生物资源等），经济、社会方面（投资能力、环保投资、科技投入等），环境容量（纳污能力）。从这三方面一一对应列出可能选取的多对参数（发展变量与制约变量对应），再通过专家咨询等方法进行参数筛选。

（2）计算单项环境力并确定其权值：

$$E_{pi} = \frac{F_i}{Z_i} \tag{8.1}$$

$$E_p = \frac{1}{n} \sum_{i=1}^{n} w_i E_{pi} \tag{8.2}$$

式（8.1）、式（8.2）中，E_{pi} 为 i 因素单项环境承载力；E_p 为综合承载力；F_i、Z_i 因素的发展变量及制约变量；W_i 为 i 因素单项环境承载力 E_{pi} 的权值。

（3）资源、环境综合承载力分析。计算出综合环境承载力的数值以后，进行分级分析评价。可分为 3 组或 5 级，如：

$E_p \leqslant 0.8$ 开发不足

$0.8 < E_p \leqslant 1$ 平衡

$E_p > 1$ 过度（超过承载力）

关键是确定好平衡点，既不可过低，影响经济快速发展，也不可过高（超过 1.1 或更高），以免造成明显的（或严重的）环境污染破坏。

3. 经济增长与节能、降耗

经济与环境协调发展是实行持续发展战略的前提，以大量消耗资源、粗放经营为特征的经济增长方式难于实现经济与环境协调发展。所以必须转变经济增长方式，从"粗放型"转变为"集约型"，使各生产要素优化组合，提高资源能源的利用率和转化率，在经济增长过程中节能、降耗，少投入、多产出、少排废。为此，设置下列指标体系作为考核、统计指标。

（1）能源需求弹性系数（C_e），指能源求年平均增长率与国民生产总值年平均增长率之比。

$$C_e = \frac{能源需求平均增长率}{国民生产总值年平均增长率}$$

能源需求弹性系数经专家们研究，可以用于能源需求的中长期预测，因为在 5 年、10 年或 20 年期间内，能源需求年平均增长率与国民生产总值年平均增长率之比有规律性，与技术经济发展水平、管理水平、经济增长方式有相关关系。发展中国家因技术经济落后，粗放经营能源需求弹性系数 C_e。一般为 1 左右，我国 20 世纪 60 年代就是这种情况；经济发达的先进国家 C_e 一般为 0.5 左右。中国在 20 世纪 80 年代初曾提出"到 2000 年工农业总产值翻两番，能源消耗翻一番"，这个目标的含义就是能源需求年平均增长率与工业总产值（后改用 GNP）年平均增长率之比为 1/2，$C_e = 0.5$。这就需要大力节能。

（2）水资源需求弹性系数。指水资源需求年平均增长率与 GDP 年平均增长率之比。在我国当前的情况下，经常使用工业用水需求弹性系数（C_w）。

$$C_w = \frac{工业用水需求年平均增长率}{工业总产值年平均增长率}$$

（3）万元工业产值煤耗值（或综合能耗）年平均递减率。指创造同样的产值（万元产值）所消耗的煤（或能源）逐年减少的速度。为了便于分析比较，工业产值用不变价格进行计算，煤耗（或综合能耗）用标煤进行计算。因为我国煤 在能源结构中占 70% 左右，而大气污染是煤烟型污染，所以虽然国家统计局的统计指标是万元工业产值综合能耗，但环境管理工作、制定环境规划经常要用到万元工业产值煤耗这个统计数据。如果能够做到工业产值翻两番而总的煤耗量不增加，就可以基本控制住烟尘和 SO_2 的污染，但这是很困难的。

（4）万元工业产值耗水量年平均递减率。指创造同样的工业产值（万元）所消耗的水资源逐年递减的速度（工业产值按不变价格计算）。

（5）万元工业产值煤耗（或水耗）年平均递减率与工业产值年平均递增之比。如果比值等于 1，或接近 1，即可达到工业产值翻两番而能耗（或水耗）不增加的目标。

4. 排污量增长与工业产值增长的比例关系

这一部分也有三种类型的指标：

（1）工业污染物弹性系数（C_p）：

$$C_p = 工业主要污染物年平均增长率 / 工业产值年平均增长率$$

（2）万元工业产值排污量年平均递减率。

（3）万元工业产值排污量年平均递减率与工业产值年平均递增率之比。

5. 环境经济效益综合评价

1992 年世界环发大会以后，实行可持续发展战略，不允许牺牲环境求发展，在经济活动中坚持环境原则，已成为世界各国的共识。所以，评价经济建设、工业生产发展、工业企业的效益不能仅从眼前单纯的经济效益去评价，而要进行环境经济综合评价，要核算一次经济建设、一个工业企业为取得经济成果所付出的环境代价。比如：某地一个被评为先进的造纸厂，年利润为 1700 万元，但由于它的排污量大，造成下游一个城市的经济损失（直接污染经济损失和间接经济损失）3000 多万元。

 思考与练习

1. 环境管理统计指标体系的设计原理是什么？
2. 简述宏观环境管理的统计指标体系。

附　　录

附表 1　标准正态分布表

附表 1 中给出了在曲线下，平均值与大于平均值的 z 的之间的面积。例如，对于 $z=1.25$，在曲线下，平均值与 z 之间的面积是 0.3944。

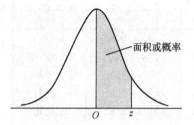

z	0.00	0.01	0.02	0.03	0.04	0.05	0.06	0.07	0.08	0.09
0.0	0.0000	0.0040	0.0080	0.0120	0.0160	0.0199	0.0239	0.0279	0.0319	0.0359
0.1	0.0398	0.0438	0.0478	0.0517	0.0557	0.0596	0.0636	0.0675	0.0714	0.0753
0.2	0.0793	0.0832	0.0871	0.0910	0.0948	0.0987	0.1026	0.1064	0.1103	0.1141
0.3	0.1179	0.1217	0.1255	0.1293	0.1331	0.1368	0.1406	0.1443	0.1480	0.1517
0.4	0.1554	0.1591	0.1628	0.1664	0.1700	0.1736	0.1772	0.1808	0.1844	0.1879
0.5	0.1915	0.1950	0.1985	0.2019	0.2054	0.2088	0.2123	0.2157	0.2190	0.2224
0.6	0.2257	0.2291	0.2324	0.2357	0.2389	0.2422	0.2454	0.2486	0.2518	0.2549
0.7	0.2580	0.2612	0.2642	0.2673	0.2704	0.2734	0.2764	0.2794	0.2823	0.2852
0.8	0.2881	0.2910	0.2939	0.2967	0.2995	0.3023	0.3051	0.3078	0.3106	0.3133
0.9	0.3159	0.3186	0.3212	0.3238	0.3264	0.3289	0.3315	0.3340	0.3365	0.3389
1.0	0.3413	0.3438	0.3461	0.3485	0.3508	0.3531	0.3554	0.3577	0.3599	0.3621
1.1	0.3643	0.3665	0.3686	0.3708	0.3729	0.3749	0.3770	0.3790	0.3810	0.3830
1.2	0.3849	0.3869	0.3888	0.3907	0.3925	0.3944	0.3962	0.3980	0.3997	0.4015
1.3	0.4032	0.4049	0.4066	0.4082	0.4099	0.4115	0.4131	0.4147	0.4162	0.4177
1.4	0.4192	0.4207	0.4222	0.4236	0.4251	0.4265	0.4279	0.4292	0.4306	0.4319
1.5	0.4332	0.4345	0.4357	0.4370	0.4382	0.4394	0.4406	0.4418	0.4429	0.4441
1.6	0.4452	0.4463	0.4474	0.4484	0.4495	0.4505	0.4515	0.4525	0.4535	0.4545
1.7	0.4554	0.4564	0.4573	0.4582	0.4591	0.4599	0.4608	0.4616	0.4625	0.4633
1.8	0.4641	0.4649	0.4656	0.4664	0.4671	0.4678	0.4686	0.4693	0.4699	0.4706
1.9	0.4713	0.4719	0.4726	0.4732	0.4738	0.4744	0.4750	0.4756	0.4761	0.4767
2.0	0.4772	0.4778	0.4783	0.4788	0.4793	0.4798	0.4803	0.4808	0.4812	0.4817
2.1	0.4821	0.4826	0.4830	0.4834	0.4838	0.4842	0.4846	0.4850	0.4854	0.4857
2.2	0.4861	0.4864	0.4868	0.4871	0.4875	0.4878	0.4881	0.4884	0.4887	0.4890
2.3	0.4893	0.4896	0.4898	0.4901	0.4904	0.4906	0.4909	0.4911	0.4913	0.4916
2.4	0.4918	0.4920	0.4922	0.4925	0.4927	0.4929	0.4931	0.4932	0.4934	0.4936
2.5	0.4938	0.4940	0.4941	0.4943	0.4945	0.4946	0.4948	0.4949	0.4951	0.4952
2.6	0.4953	0.4955	0.4956	0.4957	0.4959	0.4960	0.4961	0.4962	0.4963	0.4964
2.7	0.4965	0.4966	0.4967	0.4968	0.4969	0.4970	0.4971	0.4972	0.4973	0.4974
2.8	0.4974	0.4975	0.4976	0.4977	0.4977	0.4978	0.4979	0.4979	0.4980	0.4981
2.9	0.4981	0.4982	0.4982	0.4983	0.4984	0.4984	0.4985	0.4985	0.4986	0.4986
3.0	0.4986	0.4987	0.4987	0.4988	0.4988	0.4989	0.4989	0.4989	0.4990	0.4990

附表 2 相关系数的临界值 γ_a 表

a f	0.10	0.05	0.02	0.01	0.001	a f
1	0.98769	0.99692	0.999507	0.999877	0.9999938	1
2	0.90000	0.95000	0.98000	0.99000	0.99900	2
3	0.8054	0.8783	0.93433	0.95873	0.99116	3
4	0.7293	0.8114	0.8822	0.91720	0.97406	4
5	0.6694	0.7545	0.8329	0.8745	0.95074	5
6	0.6215	0.7067	0.7887	0.8343	0.92493	6
7	0.5822	0.6664	0.7498	0.7977	0.8982	7
8	0.5494	0.6319	0.7155	0.7646	0.8721	8
9	0.5214	0.6021	0.6851	0.7348	0.8471	9
10	0.4973	0.5760	0.6581	0.7079	0.8233	10
11	0.4762	0.5529	0.6339	0.6835	0.8010	11
12	0.4575	0.5324	0.6120	0.6614	0.7800	12
13	0.4409	0.5139	0.5923	0.6411	0.7603	13
14	0.4259	0.4973	0.5742	0.6226	0.7420	14
15	0.4124	0.4821	0.5577	0.6055	0.7246	15
16	0.4000	0.4683	0.5425	0.5897	0.7084	16
17	0.3887	0.4555	0.5285	0.5751	0.6932	17
18	0.3783	0.4438	0.5155	0.5614	0.6787	18
19	0.3687	0.4329	0.5034	0.5487	0.6652	19
20	0.3598	0.4227	0.4921	0.5368	0.6524	20
25	0.3233	0.3809	0.4451	0.4869	0.5974	25
30	0.2960	0.3494	0.4093	0.4487	0.5541	30
35	0.2746	0.3246	0.3810	0.4182	0.5189	35
40	0.2573	0.3044	0.3578	0.3932	0.4896	40
45	0.2428	0.2875	0.3384	0.3721	0.4648	45
50	0.2306	0.2732	0.3218	0.3541	0.4433	50
60	0.2108	0.2500	0.2948	0.3248	0.4078	60
70	0.1954	0.2319	0.2737	0.3017	0.3799	70
80	0.1829	0.2192	0.2565	0.2830	0.3568	80
90	0.1726	0.2050	0.2422	0.2673	0.3375	90
100	0.1638	0.1946	0.2301	0.2540	0.3211	100

附表3 t分布表

附表3中的值是对于 t 分布上侧的一个面积或概率的 t 值。例如，当自由度为10，上侧的面积为 0.05 时，$t_{0.05}=1.812$。

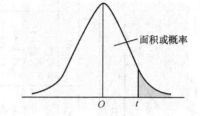

面积或概率

自由度	上侧面积				
	0.10	0.05	0.025	0.01	0.005
1	3.078	6.314	12.706	31.821	63.657
2	1.886	2.920	4.303	6.965	9.925
3	1.638	2.353	3.182	4.541	5.841
4	1.533	2.132	2.776	3.747	4.604
5	1.476	2.015	2.571	3.365	4.032
6	1.440	1.943	2.447	3.143	3.707
7	1.415	1.895	2.365	2.998	3.499
8	1.397	1.860	2.306	2.896	3.355
9	1.383	1.833	2.262	2.821	3.250
10	1.372	1.812	2.228	2.764	3.169
11	1.363	1.796	2.201	2.718	3.106
12	1.356	1.782	2.179	2.681	3.055
13	1.350	1.771	2.160	2.650	3.012
14	1.345	1.761	2.145	2.624	2.977
15	1.341	1.753	2.131	2.602	2.947
16	1.337	1.746	2.120	2.583	2.921
17	1.333	1.740	2.110	2.567	2.898
18	1.330	1.734	2.101	2.552	2.878
19	1.328	1.729	2.093	2.539	2.861
20	1.325	1.725	0.086	2.528	2.845
21	1.323	1.721	2.080	2.518	2.831
22	1.321	1.717	2.074	2.508	2.819
23	1.319	1.714	2.069	2.500	2.807
24	1.318	1.711	2.064	2.492	2.797
25	1.316	1.708	2.060	2.485	2.787
26	1.315	1.706	2.056	2.497	2.779
27	1.314	1.703	2.052	2.473	2.771
28	1.313	1.701	2.048	2.467	2.763
29	1.311	1.699	2.045	2.462	2.756
30	1.310	1.697	2.042	2.457	2.750
40	1.303	1.684	2.021	2.423	2.704
60	1.296	1.671	2.000	2.390	2.660
120	1.289	1.658	1.980	2.358	2.617
$+\infty$	1.282	1.645	1.960	2.326	2.576

附表 4 χ^2 分布表

表中给出了 χ_{α}^2 值。其中 α 是 χ^2 分布上侧的面积或概率。例如，当自由度为 10，上侧的面积为 0.01 时，$\chi_{0.01}^2=23.2093$。

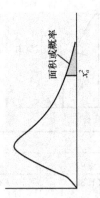

自由度	上侧面积										
	0.995	0.99	0.975	0.95	0.90	0.10	0.05	0.025	0.01	0.005
1	392704×10^{-10}	157088×10^{-9}	982069×10^{-9}	393214×10^{-8}	0.0157908	0.0157908	2.70554	3.84146	5.05389	6.63490	7.87944
2	0.0100251	0.0201007	0.0506356	0.102587	0.210720	4.60517	5.99147	7.37776	9.21034	10.5966
3	0.0717212	0.114832	0.215795	0.351846	0.584375	6.25139	7.81473	9.34840	11.6449	12.8381
4	0.206990	0.297110	0.484419	0.710721	1.063623	7.77944	9.48773	11.1433	13.2767	14.8602
5	0.411740	0.554300	0.831211	1.145476	1.61031	9.23635	11.0705	12.8325	15.0863	16.7496
6	0.675727	0.872085	1.237347	1.63539	2.20413	10.6446	12.5916	14.4494	16.8119	18.5476
7	0.989265	1.239043	1.68987	2.16735	2.83311	12.0170	14.0671	16.0128	18.4753	20.2777
8	1.344419	1.646482	2.17973	2.73264	3.48954	13.3616	15.5073	17.5346	20.0902	21.9550
9	1.734926	2.087912	2.70039	3.32511	4.16816	14.6837	16.9190	19.0228	21.6660	23.5893
10	2.15585	2.55821	3.24697	3.94030	4.86518	15.9871	18.3070	20.4831	23.2093	25.1882
11	2.60321	3.05347	3.81575	4.57481	5.57779	17.2750	19.6751	21.9200	24.7250	26.7569
12	3.07382	3.57056	4.40379	5.22603	6.30380	18.5494	21.0261	23.3367	26.2170	28.2995
13	3.56503	4.10691	5.00874	5.89186	7.04150	19.8119	22.3621	24.7356	27.6883	29.8194
14	4.07468	4.66043	5.62872	6.57063	7.78953	21.0642	23.6848	26.1190	29.1413	31.3193
15	4.60094	5.22935	6.26214	7.26094	8.54675	22.3072	24.9958	27.4884	30.5779	32.8013
16	5.14224	5.81221	6390766	7.96164	9.31223	23.5418	26.2962	28.8454	31.9999	34.2672
17	5.69724	6.40776	7.56418	8.67176	10.0852	24.7690	27.5871	30.1910	33.4087	35.7185

续表

自由度	\multicolumn{10}{c}{上侧面积}									
	0.995	0.99	0.975	0.95	0.90	0.10	0.05	0.025	0.01	0.005
18	6.26481	7.01491	8.23075	9.39046	10.8649	25.9894	28.8693	31.5264	34.8053	37.1564
19	6.84398	7.63273	8.90655	10.1170	11.6509	27.2036	30.1435	32.8523	36.1908	38.5822
20	7.43386	8.26040	9.59083	10.8508	12.4426	28.4120	31.4104	34.1696	37.5662	39.9968
21	8.03366	8.89720	10.28293	11.5913	13.2396	29.6151	32.6705	35.4789	38.9321	41.4010
22	8.64272	9.54249	10.9823	12.3380	14.0415	30.8133	33.9244	36.7807	40.2894	42.7958
23	9.26042	10.19567	11.6885	13.0905	14.8479	32.0069	35.1725	38.0757	41.6384	44.1813
24	9.88623	10.8564	12.4011	13.8484	15.6587	33.1963	36.4151	39.3641	42.9798	45.5585
25	10.5197	11.5240	13.1197	14.6114	16.4734	34.3816	37.6525	40.6465	44.3141	46.9278
26	11.1603	12.1981	13.8439	15.3791	17.2919	35.5631	38.8852	41.9232	45.6417	48.2899
27	11.8076	12.8786	14.5733	16.1513	18.1138	36.7412	40.1133	43.1944	46.9630	49.6449
28	12.4613	13.5648	15.3079	16.9279	18.9392	37.9159	41.3372	44.4607	48.2782	50.9933
29	13.1211	14.2565	16.0471	17.7083	19.7677	39.0875	42.5569	45.7222	49.5879	52.3356
30	13.7867	14.9535	16.7908	18.4926	20.5992	40.2560	43.7729	46.9792	50.8922	53.6720
40	20.7065	22.1643	24.4331	26.5098	29.0505	51.8050	55.7585	59.3417	63.6907	66.7659
50	27.9907	29.7067	32.3574	34.7642	37.6886	63.1671	67.5048	71.4202	76.1539	79.4900
60	35.5346	37.4848	40.4817	43.1879	46.4589	74.3970	79.0819	83.2975	88.3794	91.9517
70	43.2752	45.4418	48.7576	51.7393	55.3290	85.5271	90.5312	95.0231	100.425	104.215
80	51.1720	53.5400	57.1532	60.3915	64.2778	96.5782	101.879	106.629	112.329	116.321
90	59.1963	61.7541	65.6466	69.1260	73.2912	107.565	113.145	118.136	124.116	128.299
100	67.3276	70.0648	74.2219	77.9295	82.3581	118.498	124.342	129.561	135.807	140.169

附表 5　F 分 布 图

表中给出了 F_a 值，其中 a 是 F 分布上侧的面积或概率。例如，当分子自由度为 12，分母自由度为 15、上侧的面积为 0.05 时，$F_{0.05}=2.48$。

$F_{0.05}$ 值表

分母自由度	分子自由度																		
	1	2	3	4	5	6	7	8	9	10	12	15	20	24	30	40	60	120	$+\infty$
1	161.4	199.5	215.77	224.6	230.2	234.0	236.8	238.9	240.5	241.9	243.9	245.9	248.0	249.1	250.1	251.1	252.2	253.3	254.3
2	18.51	19.00	19.16	19.25	19.30	19.33	19.35	19.37	19.38	19.40	19.41	19.43	19.45	19.45	19.46	19.47	19.48	19.49	19.50
3	10.13	9.55	9.28	9.12	9.01	8.94	8.89	8.85	8.81	8.79	8.74	8.70	8.66	8.64	8.62	8.59	8.57	8.55	8.53
4	7.71	6.94	6.59	6.39	6.26	6.16	6.09	6.04	6.00	5.96	5.91	5.86	5.80	5.77	5.75	5.72	5.69	5.66	5.63
5	6.61	5.79	5.41	5.19	5.05	4.95	4.88	4.82	4.77	4.47	4.68	4.62	4.56	4.53	4.50	4.46	4.43	4.40	4.36
6	5.99	5.14	4.76	4.53	4.30	4.28	4.21	4.15	4.10	4.06	4.00	3.94	3.87	3.84	3.81	3.77	3.74	3.70	3.67
7	5.59	4.74	4.35	4.12	3.97	3.87	3.79	3.73	3.68	3.64	3.57	3.51	3.44	3.14	3.38	3.34	3.30	3.27	3.23
8	5.32	4.46	7.07	3.84	3.69	3.58	3.50	3.44	3.39	3.35	3.28	3.22	3.15	3.12	3.08	3.04	3.01	2.97	2.93
9	5.12	4.26	3.86	3.63	3.48	3.37	3.29	3.23	3.18	3.14	3.07	3.01	2.94	2.90	2.86	2.83	2.79	2.75	2.71
10	4.96	4.10	3.71	3.48	3.33	3.22	3.14	3.07	3.02	2.98	2.91	2.85	2.77	2.74	2.70	2.66	2.62	2.58	2.54
11	4.84	3.98	6.59	3.36	3.20	3.09	3.01	2.95	2.90	2.85	2.79	2.27	2.65	2.61	2.57	2.53	2.49	2.45	2.40
12	4.75	3.89	6.49	3.26	3.11	3.00	2.91	2.85	2.80	2.75	2.69	2.68	2.54	2.51	2.47	2.43	2.38	2.34	2.30
13	4.67	3.81	3.41	3.18	3.03	2.92	2.83	2.77	2.71	2.67	2.60	2.53	2.46	2.42	2.38	2.34	2.30	2.25	2.21

df																			
14	4.60	3.74	3.34	3.11	2.96	2.85	2.76	2.70	2.65	2.60	2.53	2.46	2.39	2.35	2.31	2.27	2.22	2.18	2.13
15	4.54	3.68	3.29	3.06	2.90	2.79	2.71	2.64	2.59	2.54	2.48	2.40	2.33	2.29	2.25	2.20	2.16	2.11	2.07
16	4.49	3.63	3.24	3.01	2.85	2.74	2.66	2.59	2.54	2.49	2.42	2.35	2.28	2.24	2.19	2.15	2.11	2.06	2.01
17	4.45	3.59	3.20	2.96	2.81	2.70	2.61	2.55	2.49	2.45	2.38	2.31	2.23	2.19	2.15	2.10	2.06	2.01	1.96
18	4.41	3.55	3.16	2.93	2.77	2.66	2.58	2.51	2.46	2.41	2.34	2.27	2.19	2.15	2.11	2.06	2.02	1.97	1.92
19	4.38	3.52	3.13	2.90	2.74	2.63	2.54	2.48	2.42	2.38	2.31	2.23	2.16	2.11	2.07	2.03	1.98	1.93	1.88
20	4.35	3.49	3.10	2.87	2.71	2.60	2.51	2.45	2.39	2.35	2.28	2.20	2.12	2.08	2.04	1.99	1.95	1.90	1.84
21	4.32	3.47	3.07	2.84	2.68	2.57	2.49	2.42	2.37	2.32	2.25	2.18	2.10	2.05	2.01	1.96	1.92	1.87	1.81
22	4.30	3.44	3.05	2.82	2.66	2.55	2.46	2.40	2.34	2.30	2.23	2.15	2.07	2.03	1.98	1.94	1.89	1.84	1.78
23	4.28	3.42	3.03	2.80	2.64	2.53	2.44	2.37	2.32	2.27	2.20	2.13	2.05	2.01	1.96	1.91	1.86	1.81	1.76
24	4.26	3.40	3.01	2.78	2.62	2.51	2.42	2.36	2.30	2.25	2.18	2.11	2.03	1.98	1.94	1.89	1.84	1.79	1.73
25	4.24	3.39	2.99	2.76	2.60	2.49	2.40	2.34	2.28	2.24	2.16	2.09	2.01	1.96	1.92	1.87	1.82	1.77	1.71
26	4.23	3.37	2.98	2.74	2.59	2.47	2.39	2.32	2.27	2.22	2.15	2.07	1.99	1.95	1.90	1.85	1.80	1.75	1.69
27	4.21	3.35	2.96	2.73	2.57	2.46	2.37	2.31	2.25	2.20	2.13	2.06	1.97	1.93	1.88	1.84	1.79	1.73	1.67
28	4.20	3.34	2.95	2.71	2.56	2.45	2.36	2.29	2.24	2.19	2.12	2.04	1.96	1.91	1.87	1.82	1.77	1.71	1.65
29	4.18	3.33	2.93	2.70	2.55	2.43	2.35	2.28	2.22	2.18	2.10	2.03	1.94	1.90	1.85	1.81	1.75	1.70	1.64
30	4.17	3.32	2.92	2.69	2.53	2.42	2.33	2.27	2.21	2.16	2.09	2.01	1.93	1.89	1.84	1.79	1.74	1.68	1.62
40	4.08	3.23	2.84	2.61	2.45	2.34	2.25	2.18	2.12	2.08	2.00	1.92	1.84	1.79	1.74	1.69	1.64	1.58	1.51
60	4.00	3.15	2.76	2.53	2.37	2.25	2.17	2.10	2.04	1.99	1.92	1.84	1.75	1.70	1.65	1.59	1.53	1.47	1.39
120	3.92	3.07	2.68	2.45	2.29	2.17	2.07	2.02	1.96	1.91	1.83	1.75	1.66	1.61	1.55	1.50	1.43	1.35	1.25
$+\infty$	3.84	3.00	2.60	2.37	2.21	2.10	2.01	1.94	1.88	1.83	1.75	1.67	1.57	1.52	1.46	1.39	1.32	1.22	1.00

续表

$F_{0.025}$值表

分母自由度	分子自由度																		
	1	2	3	4	5	6	7	8	9	10	12	15	20	24	30	40	60	120	+∞
1	647.8	799.5	864.2	899.6	921.8	937.1	948.2	956.7	963.3	968.6	976.7	984.9	993.1	997.2	1001	1006	1010	1014	1018
2	38.51	39.00	39.17	39.25	39.30	39.33	39.36	39.37	39.39	39.40	39.41	39.43	39.45	39.46	39.46	39.47	39.48	39.49	39.50
3	17.44	16.04	15.44	15.10	14.88	14.73	14.62	14.54	14.47	14.42	14.34	14.25	14.17	14.12	14.08	14.04	13.99	13.95	13.90
4	12.22	10.65	9.98	9.60	9.36	9.20	9.07	8.98	8.90	8.84	8.75	8.66	8.56	8.51	8.46	8.41	8.36	8.31	8.26
5	10.01	8.43	7.76	7.39	7.15	6.98	6.85	6.67	6.68	6.62	6.52	6.43	6.33	6.28	6.23	6.18	6.12	6.07	6.02
6	8.81	7.26	6.60	6.23	5.99	5.82	5.70	5.60	5.52	5.46	5.37	5.27	5.17	5.12	5.07	5.01	4.96	4.90	4.85
7	8.07	6.54	5.89	5.52	5.29	5.21	4.99	4.90	4.82	4.76	4.67	4.57	4.47	4.42	4.36	4.31	4.25	4.20	4.14
8	7.57	6.06	5.42	5.05	4.82	4.65	4.53	4.43	4.36	4.30	4.20	4.10	4.00	3.95	3.89	3.84	3.78	3.73	3.67
9	7.21	5.71	5.08	4.72	4.48	4.32	4.20	4.10	4.03	3.96	3.87	3.77	3.67	3.61	3.56	3.51	3.45	3.39	3.33
10	6.94	5.46	4.83	4.47	4.24	4.07	3.95	3.85	3.78	3.72	3.62	3.52	3.42	3.37	3.31	3.26	3.20	3.14	3.08
11	6.72	5.26	4.63	4.28	4.04	3.88	3.76	3.66	3.59	3.53	3.43	3.33	3.23	3.17	3.12	3.06	3.00	2.94	2.88
12	6.55	5.10	4.47	4.12	3.89	3.73	3.61	3.51	3.44	3.37	3.28	3.18	3.07	3.02	2.96	2.91	2.85	2.79	2.72
13	6.41	4.97	4.35	4.00	3.77	3.60	3.48	3.39	3.31	3.25	3.15	3.05	2.95	2.89	2.84	2.78	2.72	2.66	2.60
14	6.30	4.86	4.24	3.89	3.66	3.50	3.38	3.29	3.21	3.15	3.05	2.95	2.84	2.79	2.73	2.67	2.61	2.55	2.49
15	6.20	4.77	4.15	3.80	3.58	3.41	3.29	3.20	3.12	3.06	2.96	2.86	2.76	2.70	2.64	2.59	2.52	2.46	2.40
16	6.12	4.69	4.08	3.73	3.50	3.34	3.22	3.12	3.05	2.99	2.89	2.79	2.68	2.63	2.57	2.51	2.45	2.38	2.32
17	6.04	4.62	4.01	3.66	3.44	3.28	3.16	3.06	2.98	2.92	2.82	2.72	2.62	2.56	2.50	2.44	2.38	2.32	2.25
18	5.98	4.56	3.95	3.61	3.38	3.22	3.10	3.01	2.93	2.87	2.77	2.67	2.56	2.50	2.44	2.38	2.32	2.26	2.19
19	5.92	4.51	3.90	3.56	3.33	3.17	3.05	2.96	2.88	2.82	2.72	2.62	2.51	2.45	2.39	2.33	2.27	2.20	2.13
20	5.87	4.46	3.86	3.51	3.29	3.13	3.01	2.91	2.84	2.77	2.68	2.57	2.46	2.41	2.35	2.29	2.22	2.16	2.09
21	5.83	4.42	3.82	3.48	3.25	3.09	2.97	2.87	2.80	2.73	2.64	2.53	2.42	2.37	2.31	2.25	2.18	2.11	2.04

$F_{0.01}$值表

分子自由度（续）

分母自由度	1	2	3	4	5	6	7	8	9	10	12	15	20	24	30	40	60	120	+∞
22	5.79	4.38	3.78	3.44	3.22	3.05	2.93	2.84	2.76	2.70	2.60	2.50	2.39	2.33	2.27	2.21	2.14	2.08	2.00
23	5.75	4.35	3.75	3.41	3.18	3.02	2.90	2.81	2.73	2.67	2.57	2.47	2.36	2.30	2.24	2.18	2.11	2.04	1.97
24	5.72	4.32	3.72	3.38	3.15	2.99	2.87	2.78	2.70	2.64	2.54	2.44	2.33	2.27	2.21	2.15	2.08	2.01	1.94
25	5.69	4.29	3.69	3.35	3.13	2.97	2.85	2.75	2.68	2.61	2.51	2.41	2.30	2.24	2.18	2.12	2.05	1.98	1.91
26	5.66	4.27	3.67	3.33	3.10	2.94	2.82	2.73	2.65	2.59	2.49	2.39	2.28	2.22	2.16	2.09	2.03	1.95	1.88
27	5.63	4.24	3.65	3.31	3.08	2.92	2.80	2.71	2.63	2.57	2.47	2.36	2.25	2.19	2.13	2.07	2.00	1.93	1.85
28	5.61	4.22	3.63	3.29	3.06	2.90	2.78	2.69	2.61	2.55	2.45	2.34	2.23	2.17	2.11	2.05	1.98	1.91	1.83
29	5.59	4.20	3.61	3.27	3.04	2.88	2.76	2.67	2.59	2.53	2.43	2.32	2.21	2.15	2.09	2.03	1.96	1.89	1.81
30	5.57	4.18	3.59	3.25	3.03	2.87	2.75	2.65	2.57	2.51	2.41	2.31	2.20	2.14	2.07	2.01	1.94	1.87	1.79
40	5.42	4.05	3.46	3.13	2.90	2.74	2.62	2.53	2.45	2.39	2.29	2.18	2.07	2.01	1.94	1.88	1.80	1.72	1.64
60	5.29	3.93	3.34	3.01	2.79	2.63	2.51	2.41	2.33	2.29	2.17	2.06	1.94	1.88	1.82	1.74	1.67	1.58	1.48
120	5.15	3.80	3.23	2.89	2.67	2.52	2.39	2.30	2.22	2.16	2.05	1.94	1.82	1.76	1.69	1.61	1.53	1.43	1.31
+∞	5.02	3.69	3.12	2.79	2.57	2.41	2.29	2.19	2.11	2.05	1.94	1.83	1.71	1.64	1.57	1.48	1.39	1.27	1.00

分子自由度

分母自由度	1	2	3	4	5	6	7	8	9	10	12	15	20	24	30	40	60	120	+∞
1	4052	4999.5	5403	5625	5764	5859	5928	5982	6022	6056	6106	6157	6209	6235	6261	6287	6313	6339	6366
2	98.50	99.00	99.17	99.25	99.30	99.33	99.37	99.37	99.39	99.40	99.42	99.43	99.45	99.46	99.47	99.47	99.48	99.49	99.50
3	34.12	30.82	29.46	28.71	28.24	27.91	27.49	27.49	27.35	27.23	27.05	26.87	26.69	26.60	26.50	26.41	26.32	26.22	26.13
4	21.20	18.00	16.69	15.98	15.52	15.21	14.80	14.80	14.66	14.55	14.37	14.20	14.02	13.93	13.84	13.75	13.65	13.56	13.46
5	16.26	13.27	12.06	11.39	10.97	10.67	10.29	10.29	10.16	10.05	9.89	9.72	9.55	9.47	9.38	9.29	9.20	9.11	9.06
6	13.75	10.92	9.78	9.15	8.75	8.47	8.10	8.10	7.98	7.87	7.72	7.56	7.40	7.31	7.23	7.14	7.06	6.97	6.88
7	12.25	9.55	8.45	7.85	7.46	7.19	6.84	6.384	6.72	6.62	6.47	6.31	6.16	6.07	5.99	5.91	5.82	5.74	5.65
8	11.26	8.65	7.59	7.01	6.63	6.37	6.03	6.03	5.91	5.81	5.67	5.52	5.36	5.28	5.20	5.12	5.03	4.95	4.86

分母自由度	分子自由度																		
---	1	2	3	4	5	6	7	8	9	10	12	15	20	24	30	40	60	120	+∞
9	10.56	8.02	6.99	6.42	6.06	5.80	5.47	5.47	5.35	5.26	5.11	4.96	4.81	4.73	4.65	4.57	4.48	4.40	4.31
10	10.04	7.56	6.55	5.99	5.64	5.39	5.06	5.06	4.94	4.85	4.71	4.56	4.41	4.33	4.25	4.17	4.08	4.00	3.91
11	9.65	7.21	6.22	5.67	5.32	5.07	4.74	4.74	4.63	4.54	4.40	4.25	4.10	4.02	3.94	3.86	3.78	3.69	3.60
12	9.33	6.93	5.95	5.41	5.06	4.82	4.50	4.50	4.39	4.30	4.16	4.01	3.86	3.78	3.70	3.62	3.54	3.45	3.36
13	9.07	6.70	5.74	5.21	4.86	4.62	4.30	4.30	4.19	4.10	3.96	3.82	3.66	3.59	3.51	3.43	3.34	3.25	3.17
14	8.86	6.51	5.56	5.04	4.69	4.46	4.14	4.14	4.03	3.94	3.80	3.66	3.51	3.43	3.35	3.27	3.18	3.09	3.00
15	8.68	6.36	5.42	4.89	4.56	4.32	4.00	4.00	3.89	3.80	3.67	3.52	3.37	3.29	3.21	3.13	3.05	2.96	2.87
16	8.53	6.23	5.29	4.77	4.44	4.20	3.89	3.89	3.78	3.69	3.55	3.41	3.26	3.18	3.10	3.02	2.93	2.84	2.75
17	8.40	6.11	5.18	4.67	4.34	4.10	3.79	3.79	3.68	3.59	3.46	3.31	3.16	3.08	3.00	2.92	2.83	2.75	2.65
18	8.29	6.01	5.09	4.58	4.25	4.01	3.71	3.71	3.60	3.51	3.37	3.23	3.08	3.00	2.92	2.84	2.75	2.66	2.57
19	8.18	5.93	5.01	4.50	4.17	3.94	3.63	3.63	3.52	3.43	3.30	3.15	3.00	2.92	2.84	2.76	2.67	2.58	2.49
20	8.10	5.85	4.94	4.43	4.10	3.87	3.56	3.56	3.46	3.37	3.23	3.09	2.94	2.86	2.78	2.69	2.61	2.52	2.42
21	8.02	5.78	4.87	4.37	4.04	3.81	3.51	3.51	3.40	3.31	3.17	3.03	2.88	2.80	2.72	2.64	2.55	2.46	2.36
22	7.95	5.72	4.82	4.31	3.99	3.76	3.45	3.45	3.35	3.26	3.12	2.98	2.83	2.75	2.67	2.58	2.50	2.40	2.31
23	7.88	5.66	4.76	4.26	3.94	3.71	3.41	3.41	3.30	3.21	3.07	2.93	2.78	2.70	2.62	2.54	2.45	2.35	2.26
24	7.82	5.61	4.72	4.22	3.90	3.67	3.36	3.36	3.26	3.17	3.03	2.89	2.74	2.66	2.58	2.49	2.40	2.31	2.21
25	7.77	5.57	4.68	4.18	3.85	3.63	3.32	3.32	3.22	3.13	2.99	2.85	2.70	2.62	2.54	2.45	2.36	2.27	2.17
26	7.72	5.53	4.64	4.14	3.82	3.59	3.29	3.29	3.18	3.09	2.96	2.81	2.66	2.58	2.50	2.42	2.33	2.23	2.13
27	7.68	5.49	4.60	4.11	3.78	3.56	3.26	3.26	3.15	3.06	2.93	2.78	2.63	2.55	2.47	2.38	2.29	2.20	2.10
28	7.64	5.45	4.57	4.07	3.75	3.53	3.23	3.23	3.12	3.03	2.90	2.75	2.60	2.52	2.44	2.35	2.26	2.17	2.06
29	7.60	5.42	4.54	4.04	3.73	3.50	3.20	3.20	3.09	3.00	2.87	2.73	2.57	2.49	2.41	2.33	2.23	2.14	2.03
30	7.56	5.39	4.51	4.02	3.70	3.47	3.17	3.17	3.07	2.98	2.84	2.70	2.55	2.47	2.39	2.30	2.21	2.11	2.01
40	7.31	5.18	4.31	3.83	3.51	3.29	2.99	2.99	2.89	2.80	2.66	2.52	2.37	2.29	2.20	2.11	2.02	1.92	1.80
60	7.08	4.98	4.13	3.65	3.34	3.12	2.82	2.82	2.72	2.63	2.50	2.35	2.20	2.12	2.03	1.94	1.84	1.73	1.60
120	6.85	4.79	3.95	3.48	3.17	2.96	2.66	2.66	2.56	2.47	2.34	2.19	2.03	1.95	1.86	1.76	1.66	1.53	1.38
+∞	6.63	4.61	3.78	3.32	3.02	2.80	2.51	2.51	2.41	2.32	2.18	2.04	1.88	1.79	1.70	1.59	1.47	1.32	1.00

附表 6　符号检验中 r 的临界值

n	双侧检验的 α				n	双侧检验的 α			
	0.01	0.05	0.10	0.25		0.01	0.05	0.10	0.25
	单侧检验的 α					单侧检验的 α			
	0.005	0.25	0.05	0.125		0.005	0.25	0.05	0.125
1	—	—	—	—	31	7	9	10	11
2	—	—	—	—	32	8	9	10	12
3	—	—	—	0	33	8	10	11	12
4	—	—	—	0	34	9	10	11	13
5	—	—	0	0	35	9	11	12	13
6	—	0	0	1	36	9	11	12	14
7	—	0	0	1	37	10	12	13	14
8	0	0	1	1	38	10	12	13	14
9	0	1	1	2	39	11	12	13	15
10	0	1	1	2	40	11	13	14	15
11	0	1	2	3	41	11	13	14	16
12	1	2	2	3	42	12	14	15	16
13	1	2	3	3	43	12	14	15	17
14	1	2	3	4	44	13	15	16	17
15	2	3	3	4	45	13	15	16	18
16	2	3	4	5	46	13	15	16	18
17	2	4	4	5	47	14	16	17	19
18	3	4	5	6	48	14	16	17	19
19	3	4	5	6	49	15	17	18	19
20	3	5	5	6	50	15	17	18	20
21	4	5	6	7	51	15	18	19	20
22	4	5	6	7	52	16	18	19	21
23	4	6	7	8	53	16	18	20	21
24	5	6	7	8	54	17	19	20	22
25	5	7	7	9	55	17	19	20	22
26	6	7	8	9	56	17	20	21	23
27	6	7	8	10	57	18	20	21	23
28	6	8	9	10	58	18	21	22	24
29	7	8	9	10	59	19	21	22	24
30	7	9	10	11	60	19	21	23	25

n	双侧检验的 α				n	双侧检验的 α			
	0.01	0.05	0.10	0.25		0.01	0.05	0.10	0.25
	单侧检验的 α					单侧检验的 α			
	0.005	0.25	0.05	0.125		0.005	0.25	0.05	0.125
61	20	22	23	25	76	26	28	30	32
62	20	22	24	25	77	26	29	30	32
63	20	23	24	26	78	27	29	31	33
64	21	23	24	26	79	27	30	31	33
65	21	24	25	27	80	28	30	32	34
66	22	24	25	27	81	28	31	32	34
67	22	25	26	28	82	28	31	33	35
68	22	25	26	28	83	29	32	33	35
69	23	25	27	29	84	29	32	33	36
70	23	26	27	29	85	30	32	34	36
71	24	26	28	30	86	30	33	34	37
72	24	27	28	30	87	31	33	35	37
73	25	27	28	31	88	31	34	35	38
74	25	28	29	31	89	31	34	36	38
75	25	28	29	32	90	32	35	36	39

对于大于 90 的 n，r 的近似值可取小于 $(n-1)/2-k$ 的最近的整数，对于 1%，5%，10% 和 25%，k 的数值分别为 1.2879，0.9800，0.8224，0.5752。

附表 7　二样本秩和检验临界值表

$$P\ (T \leqslant T_\alpha)\ \leqslant \alpha,\ n_1 < n_2$$
$$\alpha = 0.05\ （下侧）$$

n_2 \ n_1	1	2	3	4	5	6	7	8	9	10	11	12	13	14	15	16	17	18	19	20
1	—																			
2	—	—																		
3	—	—	6																	
4	—	—	6	11																
5	—	3	7	12	19															
6	—	3	8	13	20	28														
7	—	3	8	14	21	29	39													
8	—	4	9	15	23	31	41	51												

续表

n_1 / n_2	1	2	3	4	5	6	7	8	9	10	11	12	13	14	15	16	17	18	19	20
9	—	4	10	16	24	33	43	54	66											
10	—	4	10	17	26	35	45	56	69	82										
11	—	4	11	18	27	37	47	59	72	86	100									
12	—	5	11	19	28	38	49	62	75	89	104	120								
13	—	5	12	20	30	40	52	64	78	92	108	125	142							
14	—	6	13	21	31	42	54	67	81	96	112	129	147	166						
15	—	6	13	22	33	44	56	69	84	99	116	133	152	171	192					
16	—	6	14	24	34	46	58	72	87	103	120	138	156	176	197	219				
17	—	6	15	25	35	47	61	75	90	106	123	142	161	182	203	225	249			
18	—	7	15	26	37	49	63	77	93	110	127	146	166	187	208	231	255	280		
19	1	7	16	27	38	51	65	80	96	113	131	150	171	192	214	237	262	287	313	
20	1	7	17	28	40	53	67	83	99	117	135	155	175	197	220	243	268	294	320	348

$$P\,(T \geqslant T_\alpha) \leqslant \alpha, \; n_1 < n_2$$
$$\alpha = 0.05 \;(\text{上侧})$$

n_1 / n_2	1	2	3	4	5	6	7	8	9	10	11	12	13	14	15	16	17	18	19	20
1	—																			
2	—	—																		
3	—	—	15																	
4	—	—	18	25																
5	—	13	20	28	36															
6	—	15	22	31	40	50														
7	—	17	25	34	44	55	66													
8	—	18	27	37	47	59	71	85												
9	—	20	29	40	51	63	76	90	105											
10	—	22	32	43	54	67	81	96	111	128										
11	—	24	34	46	58	71	86	101	117	134	153									
12	—	25	37	49	62	76	91	106	123	141	160	180								
13	—	27	39	52	65	80	95	112	129	148	167	187	209							
14	—	28	41	55	69	84	100	117	135	154	174	195	217	240						
15	—	30	44	58	72	88	105	123	141	161	181	203	225	249	273					
16	—	32	46	60	76	92	110	128	147	167	188	210	234	258	283	309				
17	—	34	48	63	80	97	114	133	153	174	196	218	242	266	292	319	346			
18	—	35	51	66	83	101	119	139	159	180	203	226	250	275	302	329	357	386		
19	20	37	53	69	87	105	124	144	165	187	210	234	258	284	311	339	367	397	428	
20	21	39	55	72	90	109	129	149	171	193	217	241	267	293	320	349	378	408	440	472

$$P\ (T\leqslant T_\alpha)\leqslant\alpha,\ n_1<n_2$$
$$\alpha=0.025\ (\text{下侧})$$

n_1 / n_2	1	2	3	4	5	6	7	8	9	10	11	12	13	14	15	16	17	18	19	20
1	—																			
2	—	—																		
3	—	—	—																	
4	—	—	—	10																
5	—	—	6	11	17															
6	—	—	7	12	18	26														
7	—	—	7	13	20	27	36													
8	—	3	8	14	21	29	38	49												
9	—	3	8	14	22	31	40	51	62											
10	—	3	9	15	23	32	42	53	65	78										
11	—	3	9	16	24	34	44	55	68	81	96									
12	—	4	10	17	26	35	46	58	71	84	99	115								
13	—	4	10	18	27	37	48	60	73	88	103	119	136							
14	—	4	11	19	28	38	50	62	76	91	106	123	141	160						
15	—	4	11	20	29	40	52	65	79	94	110	127	145	164	184					
16	—	4	12	21	30	42	54	67	82	97	113	131	150	169	190	211				
17	—	5	12	21	32	43	56	70	84	100	117	135	154	174	195	217	240			
18	—	5	13	22	33	45	58	72	87	103	121	139	158	179	200	222	246	270		
19	—	5	13	23	34	46	60	74	90	107	124	143	163	183	205	228	252	277	303	
20	—	5	14	24	35	48	62	77	93	110	128	147	167	188	210	234	258	283	309	337

$$P\ (T\geqslant T_\alpha)\leqslant\alpha,\ n_1<n_2$$
$$\alpha=0.025\ (\text{上侧})$$

n_1 / n_2	1	2	3	4	5	6	7	8	9	10	11	12	13	14	15	16	17	18	19	20
1	—																			
2	—	—																		
3	—	—	—																	
4	—	—	—	26																
5	—	—	21	29	38															
6	—	—	23	32	42	52														
7	—	—	26	35	45	57	69													
8	—	19	28	38	49	61	74	87												
9	—	21	31	42	53	65	79	93	109											
10	—	23	33	45	57	70	84	99	115	132										
11	—	25	36	46	61	74	89	105	121	139	157									
12	—	26	38	51	64	79	94	110	127	146	165	185								

n_2＼n_1	1	2	3	4	5	6	7	8	9	10	11	12	13	14	15	16	17	18	19	20
13	—	28	41	54	68	83	99	116	134	152	172	193	215							
14	—	30	43	57	72	88	104	122	140	159	180	201	223	246						
15	—	32	46	60	76	92	109	127	146	166	187	209	232	256	281					
16	—	34	48	63	80	96	114	133	152	173	195	217	240	265	290	317				
17	—	35	51	67	83	101	119	138	159	180	202	225	249	274	300	327	355			
18	—	37	53	70	87	105	124	144	165	187	209	233	258	283	310	338	366	396		
19	—	39	56	73	91	110	129	150	171	193	217	241	266	293	320	348	377	407	438	
20	—	41	58	76	95	114	134	155	177	200	224	249	275	302	330	358	388	419	451	483

$$P(T \leqslant T_\alpha) \leqslant \alpha, \quad n_1 < n_2$$
$$\alpha = 0.01 \text{（下侧）}$$

n_2＼n_1	1	2	3	4	5	6	7	8	9	10	11	12	13	14	15	16	17	18	19	20
1	—																			
2	—	—																		
3	—	—	—																	
4	—	—	—	—																
5	—	—	—	10	16															
6	—	—	—	11	17	24														
7	—	—	6	11	18	25	34													
8	—	—	6	12	19	27	35	45												
9	—	—	7	13	20	28	37	47	59											
10	—	—	7	13	21	29	39	49	61	74										
11	—	—	7	14	22	30	40	51	63	77	91									
12	—	—	8	15	23	32	42	53	66	79	94	109								
13	—	3	8	15	24	33	44	56	68	82	97	113	130							
14	—	3	8	16	25	34	45	58	71	85	100	116	134	152						
15	—	3	9	17	26	36	47	60	73	88	103	120	138	156	176					
16	—	3	9	17	27	37	49	62	76	91	107	124	142	161	181	202				
17	—	3	10	18	28	39	51	64	78	93	110	127	146	165	186	207	230			
18	—	3	10	19	29	40	52	66	81	96	113	131	150	170	190	212	235	259		
19	—	4	10	19	30	41	54	68	83	99	116	134	154	174	195	218	241	265	291	
20	—	4	11	20	31	43	56	70	85	102	119	138	158	178	200	223	246	271	297	324

$$P\ (T \geqslant T_\alpha) \leqslant \alpha,\ n_1 < n_2$$
$$\alpha = 0.01\ (上侧)$$

n_1 / n_2	1	2	3	4	5	6	7	8	9	10	11	12	13	14	15	16	17	18	19	20
1	—																			
2	—	—																		
3	—	—	—																	
4	—	—	—	—																
5	—	—	—	30	39															
6	—	—	—	33	43	54														
7	—	—	27	37	47	59	71													
8	—	—	30	40	51	63	77	91												
9	—	—	32	43	55	68	82	97	112											
10	—	—	35	47	59	73	87	103	119	136										
11	—	—	38	50	63	78	93	109	126	143	162									
12	—	—	40	53	67	82	98	115	132	151	170	191								
13	—	29	43	57	71	87	103	120	139	158	178	199	221							
14	—	31	46	60	75	92	109	126	146	165	186	208	230	254						
15	—	33	48	63	79	96	114	132	152	172	184	216	239	264	289					
16	—	35	51	67	83	101	119	138	158	179	201	224	248	273	299	326				
17	—	37	53	70	87	105	124	144	165	187	209	233	257	283	309	337	365			
18	—	39	56	73	91	110	130	150	171	194	217	241	266	292	320	348	377	407		
19	—	40	59	77	95	115	135	156	178	201	225	250	275	302	330	358	388	419	450	
20	—	42	61	80	99	119	140	162	185	208	233	258	284	312	340	369	400	431	463	496

主要参考文献

蔡宝森. 2009. 环境统计. 武汉：武汉理工大学出版社.

陈剑虹，杨保华. 2005. 环境统计应用. 北京：化学工业出版社.

程子峰，徐富春. 2006. 环境数据统计分析基础. 北京：化学工业出版社.

国家环境保护总局. 2007. 中国环境统计年报. 北京：中国环境科学出版社.

国家环境保护总局总量控制办公室. 2008. 主要污染物总量减排管理实用手册. 北京：中国环境科学出版社.

环境保护部污染物排放总量控制司. 2009. 城镇分散型水污染物减排实用技术汇编. 北京：中国环境科学出版社.

蒋洪强，周颖. 2009. 温室气体排放统计核算技术方法. 北京：中国环境科学出版社.

靳丽丽，柯树林. 2004. 统计学. 北京：科学出版社.

罗文华. 2007. 计算机应用基础. 北京：中国铁道出版社.

宋清. 1984. 定量分析中的误差和数据评价. 北京：高等教育出版社.

孙炎. 2008. 应用统计学. 北京：机械工业出版社.

徐玉宏. 2007. 我国秸秆焚烧污染与防治对策. 环境与可持续发展，(3)：21-23.

姚伟，曲晓光. 2009. 我国农村垃圾产生量及垃圾收集处理现状. 环境与健康杂志，26（1）：10-12.

郑用熙. 1986. 分析化学中的数理统计方法. 北京：科学出版社.

中华人民共和国环境保护部，中华人民共和国国家统计局. 2008. 环境统计报表填报指南. 北京：中国环境科学出版社.